Solid Edge 2025 für Fortgeschrittene – kurz und bündig

Michael Schabacker

Solid Edge 2025 für Fortgeschrittene – kurz und bündig

4. Auflage

 Springer Vieweg

Dr.-Ing. Dipl.-Math. Michael Schabacker ⓘ
Lehrstuhl Produktentwicklung und
Konstruktion
Otto-von-Guericke-Universität
Magdeburg
Magdeburg, Deutschland

ISBN 978-3-658-49844-3   ISBN 978-3-658-49845-0   (eBook)
https://doi.org/10.1007/978-3-658-49845-0

Die Deutsche Nationalbibliothek verzeichnet diese Publikation in der Deutschen Nationalbibliografie; detaillierte bibliografische Daten sind im Internet über https://portal.dnb.de abrufbar.

Planung/Lektorat: Ellen Klabunde
Springer Vieweg ist ein Imprint der eingetragenen Gesellschaft Springer Fachmedien Wiesbaden GmbH und ist ein Teil von Springer Nature.
Die Anschrift der Gesellschaft ist: Abraham-Lincoln-Str. 46, 65189 Wiesbaden, Germany

Vorwort

Studierende der Otto-von-Guericke-Universität Magdeburg werden seit über 30 Jahren an führenden 3D-CAx-Systemen ausgebildet.

Da sich dieses Lehr- und Arbeitsbuch an Studierende und Ingenieure wendet, die bereits Erfahrungen mit der Modellierung in Solid Edge haben, wird daher als Einstieg eine Klausuraufgabe zur Wiederholung der Grundfertigkeiten aus dem Einsteigerbuch *Solid Edge 2025-kurz und bündig-Buches für Einsteiger* gewählt (Kapitel 1). Anschließend erfolgt die Blechteilmodellierung (Kapitel 2), in der zusätzlich ein selbstständiger Übungsteil eingearbeitet wurde, so dass diese Blechteile und weitere Bauteile sich zu einer Siloanlage in der Schweißbaugruppe zusammenbauen lassen und mit Schweißfeatures versehen werden (Kapitel 3). Danach erfolgt die Freiformmodellierung und weitere Formen der Volumenmodellierung – neu ist hier die Modellierung eines Torus – (Kapitel 4), in der Baugruppenumgebung die Rohrerstellung mit XpresRoute an der Siloanlage (Kapitel 5) und Kabelbaumerstellung mit Harness Design an einem Cinch-Kabel (Kapitel 6). Ein weiterer inhaltlicher Übungsblock betrifft die Parametrisierung von Einzelteilen (Kapitel 7), die die Basis zur Erstellung von Teilefamilien (Kapitel 8), Baugruppenfamilien (Kapitel 9) und User Defined Features (Kapitel 10) bildet, und die Erstellung von Formelementen durch das Engineering Reference Feature anhand des Beispiels eines Stirnradpaares (Kapitel 11). Für die konstruktionsbegleitende Simulation werden Anregungen zur Benutzung der FEM an der Siloanlage, einem einfachen Stab, Doppel-T-Träger, dünnwandigen Bauteilen und Temperaturmessung gegeben (Kapitel 12). Am Beispiel eines Regalwinkels wird die Erstellung eines generativen Entwurfs für die Topologieoptimierung beschrieben (Kapitel 13). Die Anwendung des Moduls Explosion – Rendern – Animation in der Baugruppenumgebung mit dem Drosselventil aus dem Einsteigerbuch rundet das Fortgeschrittenen-Buch ab (Kapitel 14).

Besonderer Dank des Autors gilt Frau Franka Funke für die kritische Durchsicht dieser Auflage sowie Frau Ellen-Susanne Klabunde, Frau Noémie Reuland und allen beteiligten Mitarbeitern des Verlags Springer Vieweg, Lektorat Maschinenbau für die konstruktive und freundliche Zusammenarbeit. Natürlich ist der Autor dankbar für jede Anregung aus dem Kreis der Leser bezüglich Inhalt, Darstellung und Reihenfolge der Modellierung mit Solid Edge.

Magdeburg, im Dezember 2025   Dr.-Ing. Dipl.-Math. Michael Schabacker

Interessenkonflikt Der/die Autor*in hat keine für den Inhalt dieses Manuskripts relevanten Interessenkonflikte.

Inhaltsverzeichnis

1 Einführung

Dieses Buch gilt als Fortsetzung zu Solid Edge 2025 für Einsteiger – kurz und bündig [Scha-2025]. Das Einführungskapitel gliedert sich in mehrere Abschnitte. Es werden die verwendeten, grundlegenden Begriffe und die Benutzungsoberfläche von Solid Edge wiederholt. Als Einstieg werden einige Funktionalitäten bzgl. Volumenmodellierung, Zusammenbau und Zeichnungserstellung aus dem Einsteigerbuch [Scha-2025] in Form einer *Klausur* wiederholt.

In den folgenden Kapiteln werden weiterführende Funktionen gezeigt, die den Konstruktionsprozess erleichtern und verbessern. Um alle gezeigten Funktionen zu nutzen, wird die Installation von Microsoft Excel vorausgesetzt. Es werden alle Excel-Versionen ab 2007 unterstützt.

In den folgenden Kapiteln bildet eine kurze Zusammenstellung einfacher Kontrollfragen den Abschluss. Diese dienen dem Anwender als Selbstkontrolle zum vermittelten Inhalt des Kapitels.

1.1 Grundlegende Begriffe

Button	Taste
Doppelklick	Zweifache Betätigung einer Maustaste
(Erläuterung)	Erläuterung einer Aktion zum besseren Verständnis
Funktion	Modellierungsfunktion (siehe Bildschirmaufteilung)
Selektieren	Auswählen eines Geometrieobjektes mit der Maus
Vorgabewert	Vorgegebener Wert, der verändert werden kann
<Wert>	Tastatureingabe eines Zahlenwertes
<"Wert">	Tastatureingabe der Zeichenkette „Wert"
$\Rightarrow$	Trennung zwischen zwei Aktionen
/	Kurzform für „oder"
Gruppe	Zusammenfassung von Buttons (Funktionalitäten) in der Symbolleiste
Reiterkarte	Sortier- und Navigationshilfe, die der weiteren Unterteilung von Dialogen dient
[◄─]	Return-Taste

© Der/die Autor(en), exklusiv lizenziert an
Springer Fachmedien Wiesbaden GmbH, ein Teil von Springer Nature 2026
M. Schabacker, *Solid Edge 2025 für Fortgeschrittene – kurz und bündig*,
https://doi.org/10.1007/978-3-658-49845-0_1

1.2 Starten von Solid Edge für 3D-Modellierung

Button START ⇒ ALLE PROGRAMME ⇒ SOLID EDGE 2025 ⇒ SOLID
EDGE 2025 ⇒ Haken setzen, dass dieses Dialogfenster künftig nicht mehr angezeigt wird ⇒ MIT SEQUENTIELL FORTFAHREN:

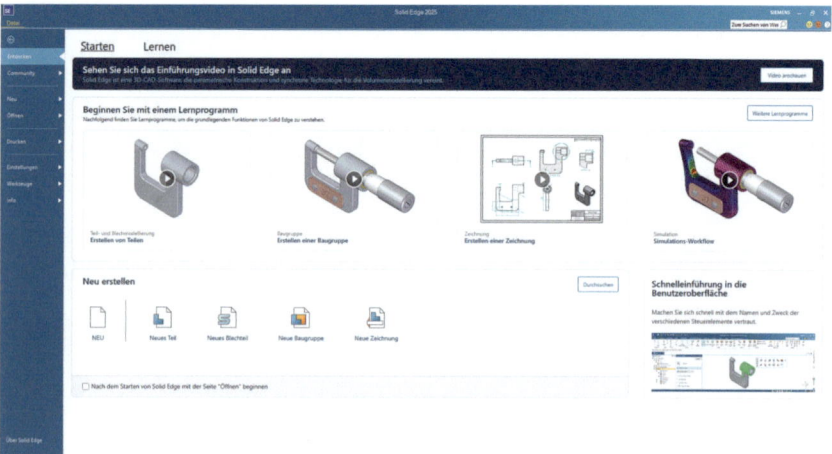

1.3 Anwendungen in Solid Edge 2025

Für die Erstellung von Teilen, Baugruppen und Zeichnungen sind jeweils andere, eigene Befehle notwendig. In Solid Edge existieren für die unterschiedlichen Aufgaben verschiedene Arbeitsumgebungen. Zur Speicherung der Daten aus den verschiedenen Arbeitsumgebungen stehen jeweils andere Dateitypen zur Verfügung. In Solid Edge 2025 gibt es den *Sequentiell*- (vormals traditionellen) und den *Synchronous*-Modus. In den folgenden Kapiteln wird nur der *Sequentiell*-Modus verwendet.

Schalten in den sequentiellen Modus: [SE] oder Menüleiste DATEI ⇒ Button EINSTELLUNGEN ⇒ Button OPTIONEN:

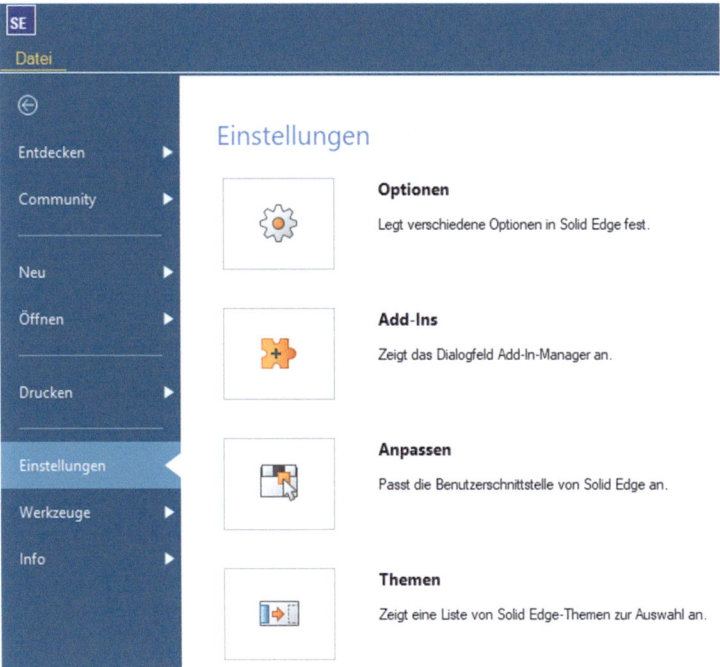

In den Solid Edge-Optionen: HILFEN ⇒ unter Teil- und Blechdokumente in dieser Umgebung starten ⇒ SEQUENTIELL auswählen:

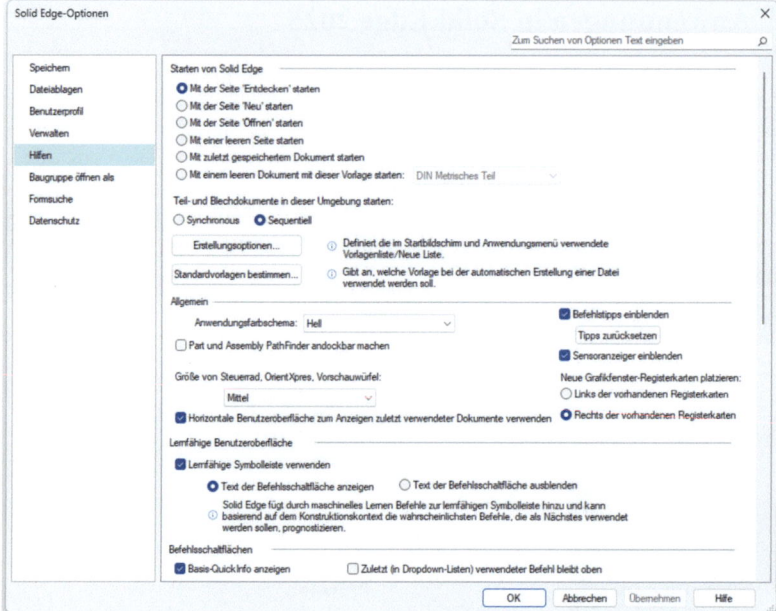

Sollte während der Installation nicht der Modellierstandard DIN-METRISCH aus-
gewählt worden sein, kann dies nachträglich eingestellt werden: Button ERSTEL-
LUNGSOPTIONEN drücken ⇒ unter Standardvorlagen DIN METRIC anklicken
⇒ OK ⇒ OK. Der Startbildschirm sieht nun wie folgt aus:

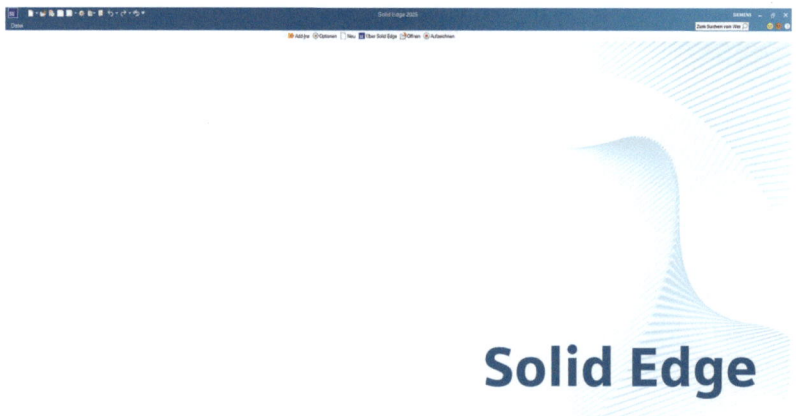

Solid Edge speichert die CAD-Dateien als <name>.Erweiterung. Die Dateierweiterung ist abhängig von der jeweils aktiven Anwendung:

Anwendung/ Arbeitsumgebung	Funktion/Angezeigter Anwendungsname/Standardvorlage	Dateierweiterung
Solid Edge Part	Modellierung Einzelteile/ DIN Metrisch Teil/ din metric part.par	<name>.par
Solid Edge Sheet Metal	Modellierung Blechteile/ DIN Metrisch Blechteil/ din metric sheet metal.psm	<name>.psm
Solid Edge Assembly	Modellierung Baugruppen/ DIN Metrisch Baugruppe/ din metric assembly.asm	<name>.asm
Solid Edge Draft	Zeichnungserstellung/ DIN Metrisch Zeichnung/ din metric draft.dft	<name>.dft
Solid Edge Weldment	Modellierung Schweißkonstruktionen/ DIN Metrisch Schweißkonstruktion/ din metric weldment.asm	<name>.asm

1.4 Solid Edge-Benutzungsoberfläche

Für eine Einzelteilmodellierung wird <"DIN Metrisches Teil"> geöffnet:

⇒ Unter [SE] auf DATEI ⇒ NEU ⇒ DIN METRISCHES TEIL

Im folgenden wird die Benutzungsoberfläche von Solid Edge von oben nach unten vorgestellt:

Schnellzugriffsleiste   zeigt häufig verwendete Befehle an.

Titelleiste   enthält den Namen der aktiven Umgebung und des aktiven Dokuments (Part, Draft, Sheet Metal, ...).

Multifunktionsleiste   enthält Befehle für die am häufigsten verwendeten Windows- und Solid Edge-Funktionen in der betreffenden Menüleiste.

                            Wird der Mauszeiger auf einen Button bewegt, erscheint ein Kurzfilm oder eine Kurzinfo mit Darstellung der Vorgehensweise der Funktion der Taste.

Aufforderungsleiste   enthält wichtige Informationen und Meldungen.

PathFinder   enthält Informationen über den Aufbau des Bauteils und dessen Chronologie links unter der Aufforderungsleiste.

Formatierungsleiste   dynamischer Dialog, dessen Inhalt sich dem gegenwärtig verwendeten Befehl anpasst, befindet sich in der Regel rechts neben dem PathFinder.

Arbeitsbereich   Hauptteil des Solid Edge-Fensters, befindet sich rechts neben dem PathFinder. In der Part- oder Assembly-Umgebung werden die Basisreferenzebenen und die Koordinatensysteme (Base) angezeigt. In der Draft-Umgebung werden mit Registern versehene Zeichnungsblätter angezeigt. Im Arbeitsbereich befindet sich rechts unten zum schnellen Anpassen der Modellansicht ein Navigationswürfel.

Schnellzugriffsleiste   Formatierungsleiste   Multifunktionsleiste.   Titelleiste

PathFinder   Aufforderungsleiste   Arbeitsbereich   Navigationswürfel

Die Benutzungsoberfläche kann analog zu anderen Windows-Anwendungen eingerichtet und verändert werden.

Für die Mausbelegung, Anlegen/Öffnen/Speichern von CAD-Dateien, Hinterlegung von Bauteilinformationen, Systemeinstellungen, Manipulation der Bildschirmdarstellung (z. B. Zoom- und Drehfunktionen) etc. sei auf das erste Kapitel des Einsteigerbuches [Scha-2025] verwiesen.

1.5 Klausur: Modellieren der Spannrolle

Sämtliche Einzelteile der Spannrolle (angeregt durch [UniS-2000], der Zusammenbau und die Zeichnungserstellung sind entsprechend den Anweisungen in den Abschnitten 1.5.1 bis 1.5.7 zu modellieren. Alle Skizzen, ob inner- oder außerhalb im Dialog erzeugt, müssen vollständig bestimmt sein. Im Abschnitt 1.5.8 befinden sich die Technischen Zeichnungen. Die Gesamtpunktzahl dieser *Klausur* beträgt 99 Punkte, die Modellierung sollte nicht länger als 50 Minuten dauern.

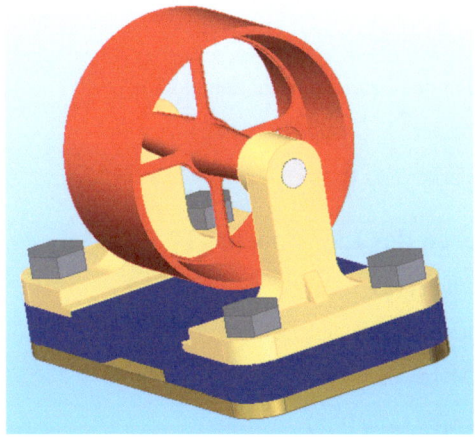

Alle Teile sind im „sequentiellen"-Modus zu modellieren. Es wird ein Ordner <Spannrolle> erstellt, in dem alle Modelldateien abgespeichert werden.

1.5.1 Modellieren der Grundplatte (17 Punkte)

- Modellieren einer **separaten** Skizze, in der sich ein Rechteck mit den Maßen 136 mm * 78 mm befindet (1)
- Erzeugen einer **symmetrischen** Ausprägung aus **separater** Skizze (1)
- Modellieren der Verrundungen als **ein** Feature (2)
- Modellieren einer Bohrung (1)
- Erzeugen eines Rechteckmusters zum Erzeugen der restlichen Bohrungen (2)
- Modellieren eines Ausschnitts aus einer **separaten** Skizze auf der Oberseite (2)
- Spiegeln des Ausschnitts (1)
- Modellieren des Ausschnitts aus einer **separaten** Skizze auf der Unterseite (2)
- Modellieren der zwei Fasen zu diesem Ausschnitt in einem Feature (2)
- Ausblenden der Skizzen und Ebenen (1)
- Vervollständigen der Dateieigenschaften (1)
- Zuweisen des Materials *Grauguss 20* (0,5)
- Zuweisen der Farbe *Blau* (0,5)

1.5.2 Modellieren des Lagerbocks (17 Punkte)

- Freie Modellierung (15)
- Vervollständigen der Dateieigenschaften (1)
- Zuweisen des Materials *Stahl* (0,5)
- Zuweisen der Farbe *Gold* (0,5)

1.5.3 Modellieren der Riemenscheibe (13 Punkte)

- Erzeugen eines Grundkörpers mit einer Rotationsausprägung ohne Bohrung und Ausschnitte aus einer **separaten vollständig bestimmten Skizze** (4,5)
- Einfügen der Bohrung (1)
- Modellieren einer der vier Ausschnitte (3,5)
- Mustern dieses Ausschnitts (2)

– Vervollständigen der Dateieigenschaften (1)

– Zuweisen des Materials *Unlegiertes Titan* (0,5)

– Zuweisen der Farbe *rot* (0,5)

1.5.4 Modellieren der Schraube (6 Punkte)

– Freie Modellierung (3)

– Umstellen der Gewichtseinheit von *kg* nach *g* (1)

– Vervollständigen der Dateieigenschaften (1)

– Zuweisen des Materials *Unlegiertes Titan* (0,5)

– Zuweisen der Farbe *rot* (0,5)

1.5.5 Modellieren der Welle (3 Punkte)

– Modellieren einer Ausprägung mit 9 mm Durchmesser und 98 mm Höhe (1,5)

– Vervollständigen der Dateieigenschaften (1)

– Zuweisen des Materials *Silber* (0,5)

1.5.6 Zusammenbau (24 Punkte)

– Vervollständigen der Dateieigenschaften (1)

– Einstellen des Hintergrundes auf Weiß/Himmelblau (1)

– Grundplatte fixiert (1)

– Sämtliche übrigen Teile, d. h. Lagerbock, Riemenscheibe, Schraube sowie Welle **müssen** vollständig bestimmt sein. (12)

– Spiegeln des Lagerbocks (2)

– Mustern der Schraube (2)

– **Modellieren der Bodenplatte unter der Grundplatte (Bodenplatte.prt vor Ort erstellen) (5):**

  ▪ Ableiten der Außenkontur und Modellieren einer Ausprägung mit 5 mm (3,5)

  ▪ Zuweisen des Materials *Gold* (0,5)

  ▪ Vervollständigen der Dateieigenschaften (1)

1.5.7 Zeichnungserstellung Zusammenbau (19 Punkte)

–	Verwenden der Uni_MD4-Vorlage (1)

–	Einstellen des Formats **DIN A2 quer** (1)

–	Zeichnung analog Vorgabe mit Hauptansicht, Seitenansicht, Schnittansicht A-A und B-B sowie isometrischer Ansicht (7)

→ Welle und Schrauben dürfen in der Schnittansicht nicht geschnitten dargestellt sein. (1)

–	Ableiten des Maßstabs aus Hauptansicht und Positionieren im Schriftfeld (1)

–	Ausblenden aller verdeckten Kanten (1)

–	Erzeugen einer Mittelmarkierung (1)

–	Erzeugen der Stückliste (Reihenfolge der Spalten wie abgebildet, Spaltennamen einzeilig, Dokumentnummer in der Spalte mittig/zentriert setzen, Textblasen enthalten nur Teilenummer, Material wird in g dargestellt) (5)

–	Im Schriftfeld soll für das Zusammenbaugewicht keine 0,000 kg zu sehen sein. (1)

1.5.8 Technische Zeichnungen

Im folgenden sind die Technischen Zeichnungen des Zusammenbaus inklusive Stückliste und der Einzelteile entsprechend der Modellierreihenfolge abgelegt. Auf die Technische Zeichnung der Welle wurde aufgrund der Einfachheit verzichtet und deren Maße mit in die Aufgabenstellung übernommen. Zum Vergleich können die CAD-Modelle von *http://www.bapm.de/solidedge/Spannrolle-2016.zip* heruntergeladen werden.

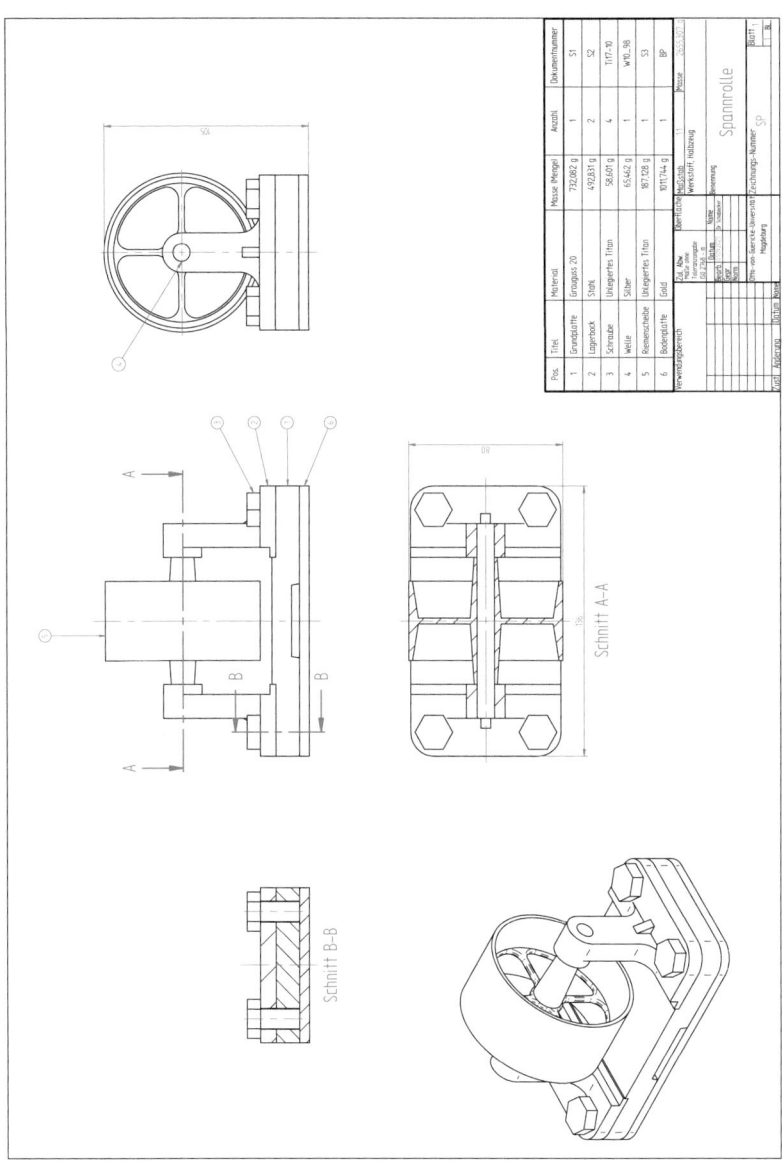

Pos.	Titel	Material	Masse (Menge)	Anzahl	Dokumentnummer
1	Grundplatte	Grauguss 20	732.082 g	1	S1
2	Lagerbock	Stahl	492.831 g	2	S2
3	Schraube	Unlegiertes Titan	58.601 g	4	TiT7.10
4	Welle	Silber	65.442 g	1	WTL.98
5	Riemenscheibe	Unlegiertes Titan	187.728 g	1	S3
6	Bodenplatte	Gold	1011.744 g	1	BP

Spannrolle

Schnitt A-A

Schnitt B-B

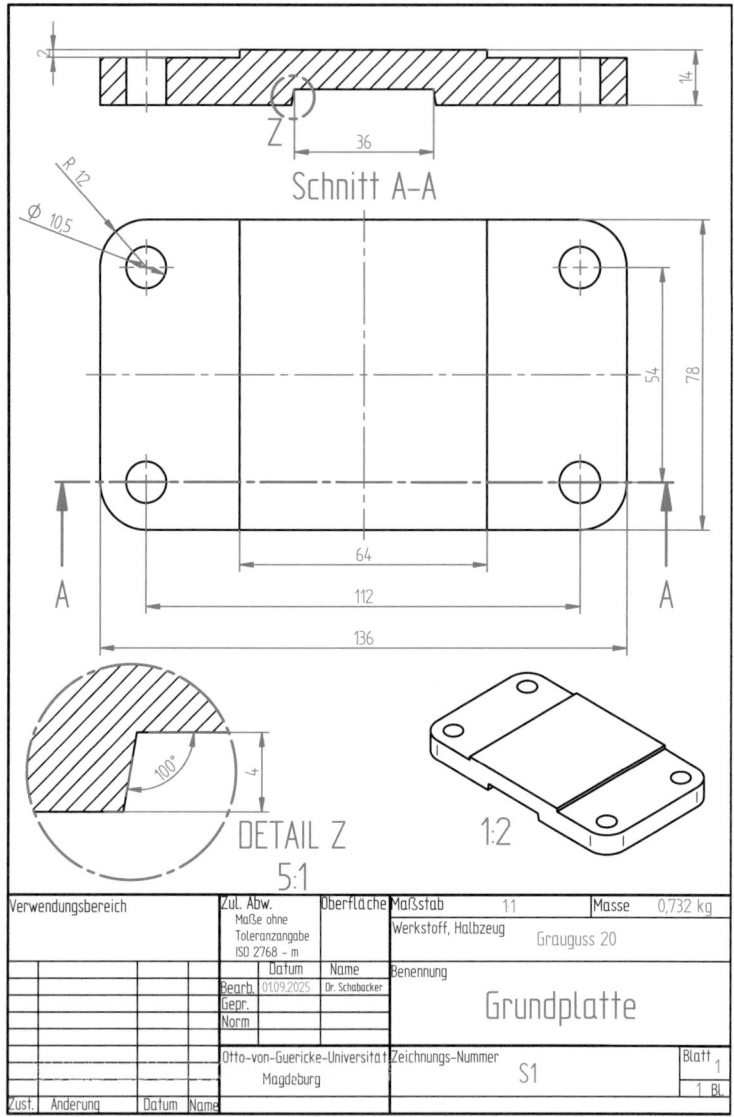

Schnitt A–A

DETAIL Z
5:1

1:2

Verwendungsbereich			Zul. Abw. Maße ohne Toleranzangabe ISO 2768 – m		Oberfläche	Maßstab	1:1		Masse	0,732 kg
						Werkstoff, Halbzeug		Grauguss 20		
			Datum	Name		Benennung				
			Bearb. 01.09.2025	Dr. Schabacker			Grundplatte			
			Gepr.							
			Norm							
			Otto-von-Guericke-Universität Magdeburg			Zeichnungs-Nummer	S1		Blatt	1
									1 BL	
Zust.	Änderung	Datum	Name							

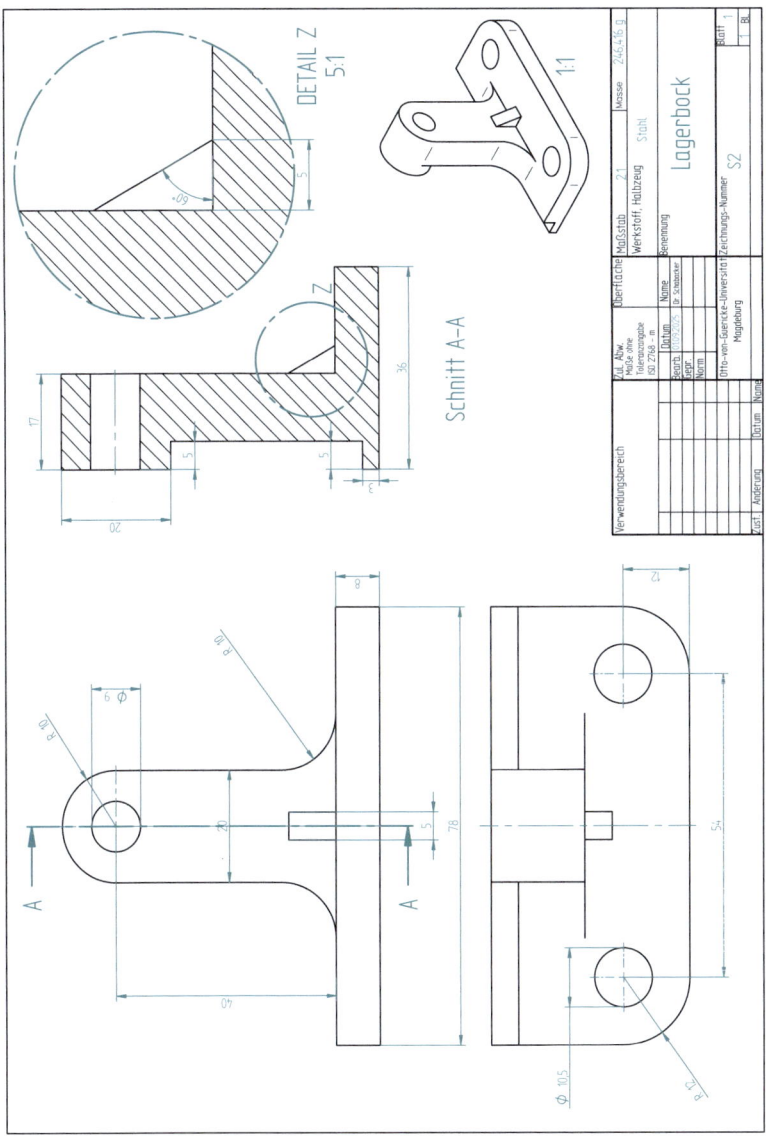

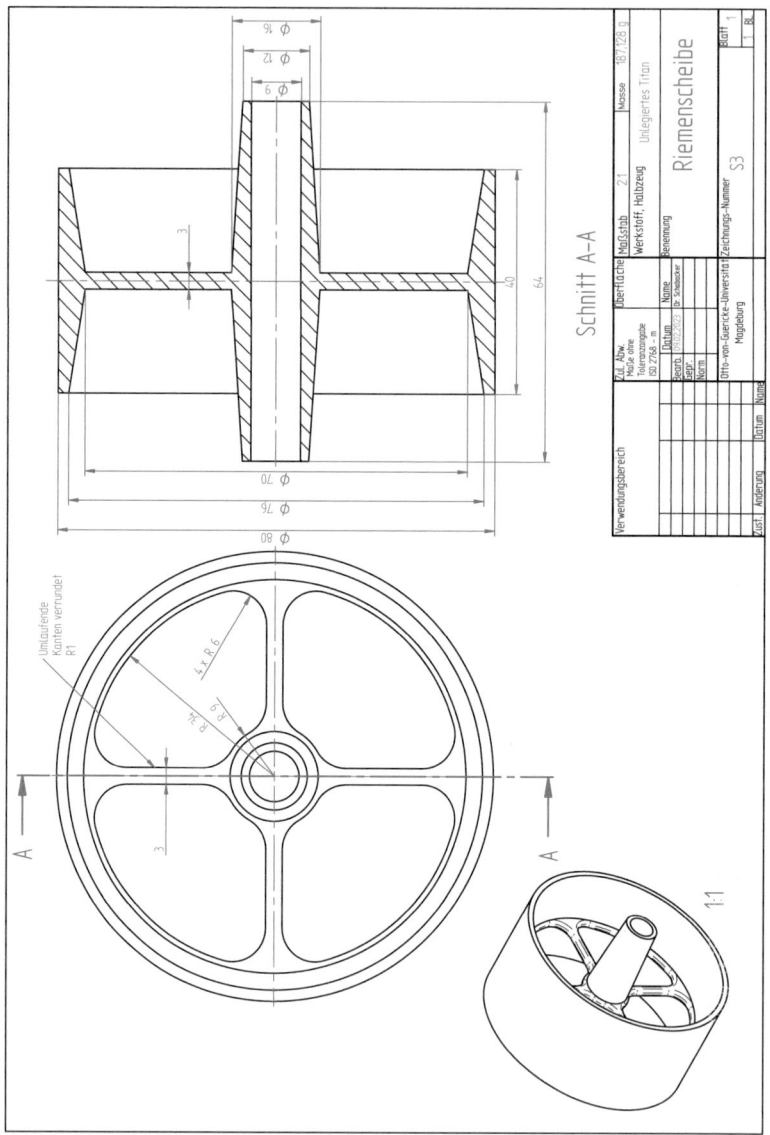

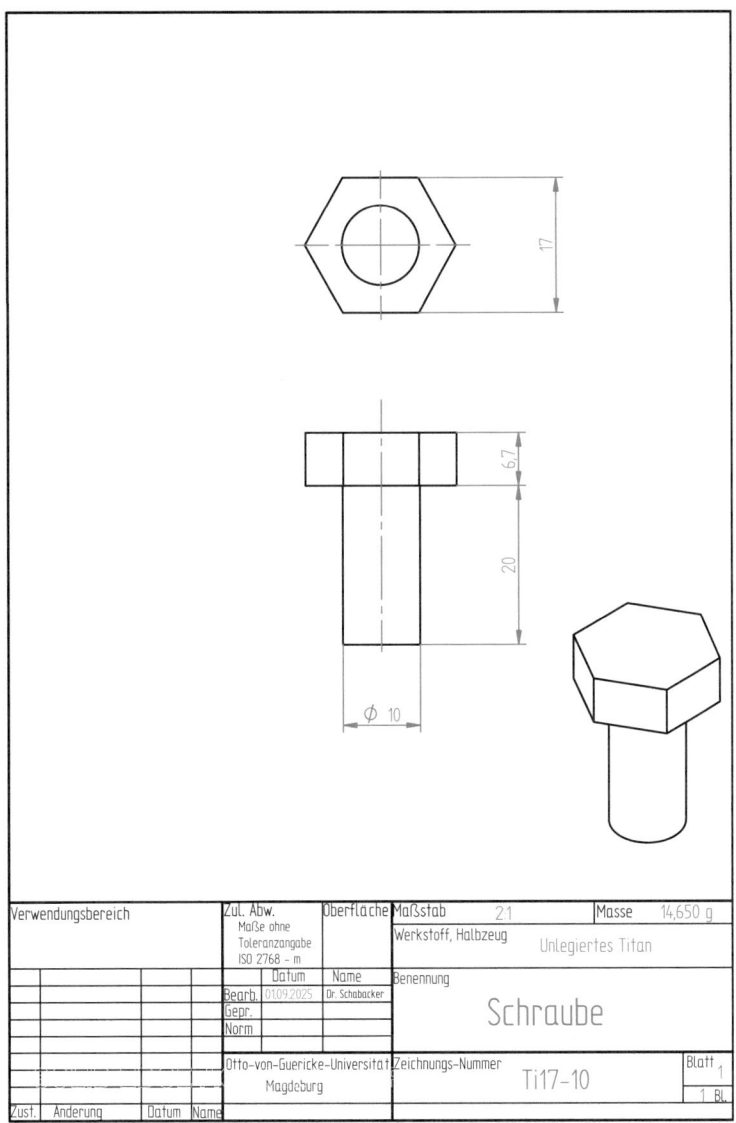

Verwendungsbereich				Zul. Abw. Maße ohne Toleranzangabe ISO 2768 - m		Oberfläche	Maßstab	2:1		Masse	14,650 g
							Werkstoff, Halbzeug		Unlegiertes Titan		
					Datum	Name	Benennung				
				Bearb.	01.09.2025	Dr. Schabacker		Schraube			
				Gepr.							
				Norm							
				Otto-von-Guericke-Universität Magdeburg			Zeichnungs-Nummer	Ti17-10		Blatt 1	
										1 Bl.	
Zust.	Änderung	Datum	Name								

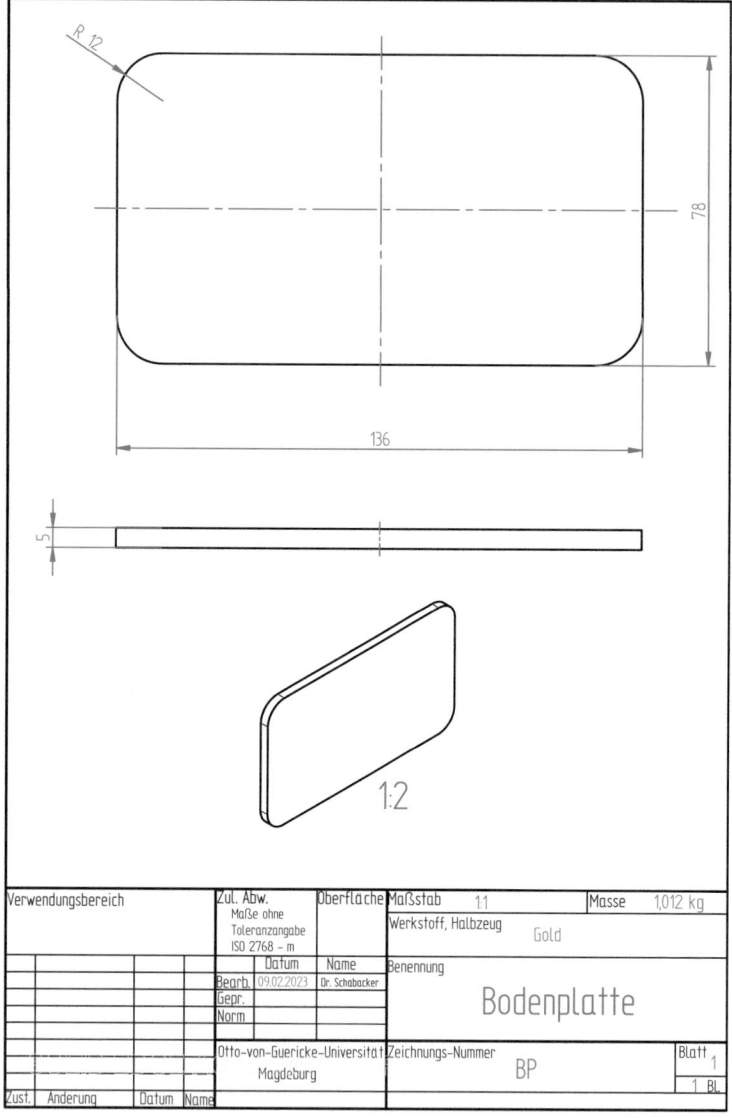

Verwendungsbereich				Zul. Abw. Maße ohne Toleranzangabe ISO 2768 – m		Oberfläche	Maßstab	1:1		Masse	1,012 kg
							Werkstoff, Halbzeug		Gold		
				Datum	Name		Benennung				
			Bearb.	09.02.2023	Dr. Schabacker						
			Gepr.				Bodenplatte				
			Norm								
			Otto-von-Guericke-Universität Magdeburg			Zeichnungs-Nummer		BP		Blatt	1
Zust.	Änderung	Datum	Name							1	Bl.

2 Blechteilmodellierung (Sheet Metal)

Dieses Kapitel ist der Modellierung von Blechteilen gewidmet. Nach einer kurzen Erläuterung der spezifischen Buttons und Besonderheiten erfolgt die Modellierung mehrerer Einzelteile und anschließend deren Zusammenbau. Zusätzlich werden von den Einzelteilen entsprechende Zeichnungen abgeleitet. Dadurch erfolgt eine gute Vertiefung der Zeichnungserstellung aus dem Einsteigerbuch [Scha-2025].

Im Rahmen der Besonderheiten bei der Blechteilmodellierung wird ein zuvor erstelltes Einzelteil abgewickelt. Danach werden drei Einzelbleche selbstständig modelliert, die in den folgenden Kapiteln für eine Siloanlage benötigt werden.

Gesamtvorgehensweise:

- Modellieren des Bolzens mit Zeichnungserstellung
- Modellieren des Oberteils mit Zeichnungserstellung
- Modellieren des Unterteils mit Zeichnungserstellung
- Zusammenbau aller drei Teile mit Zeichnungserstellung
- Abwickeln des Ober- und Unterteils

2.1 Modellieren des Bolzens

Allgemeine Vorgehensweise:

- Modellieren des Bolzenkopfes als Extrusion
- Modellieren des Bolzens als Extrusion
- Zeichnungserstellung

Datei neu erstellen:

Neues DIN Metrisches Teil öffnen und unter <Bolzen.par> abspeichern

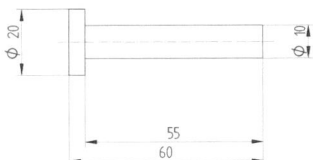

2.1.1 Modellieren des Bolzenkopfes

Erzeugen eines Zylinders mit dem Durchmesser <20 mm> und der Höhe <5 mm> als Extrusion

2.1.2 Modellieren des Bolzenschafts

Erzeugen eines Zylinders mit dem Durchmesser <10 mm> und der Höhe <55 mm> als Extrusion

2.1.3 Erstellen der Zeichnung

1. Neue Uni_MD4_dft Draft-Datei öffnen, erste Ansicht platzieren und unter <Bolzen.dft> abspeichern

2. Die Zeichnung ist mit den Funktionalitäten des Einsteigerbuches [Scha-2025] - Kapitel 6 (Zeichnungserstellung) - aus dem 3D-CAD-Modell abzuleiten.

2.2 Modellieren des Oberteils

Das Solid Edge-Modul Blechbearbeitung (Sheet Metal) bietet eine Reihe von Sonderfunktionen zur Gestaltung von Blechformteilen, wie z. B. Laschen, Einschnitte und Bördelungen. Abwicklungen können automatisch erstellt werden. Daneben sind einige Funktionen der Part-Umgebung, wie etwa Bohrungen, vorhanden.

Blechformteile können analog zu anderen Teilen in Baugruppen und Zeichnungen eingefügt werden.

Im Rahmen dieses Kapitels werden nur die wichtigsten Funktionen zur Blechbearbeitung gezeigt.

Allgemeine Vorgehensweise:

- Modellieren des Grundteiles als Lasche
- Einfügen der Seiten als Konturlappen
- Einfügen der Bohrungen
- Zeichnungserstellung

Datei neu erstellen:

Neues DIN Metrisches Blechteil öffnen und unter <Oberteil.psm> abspeichern

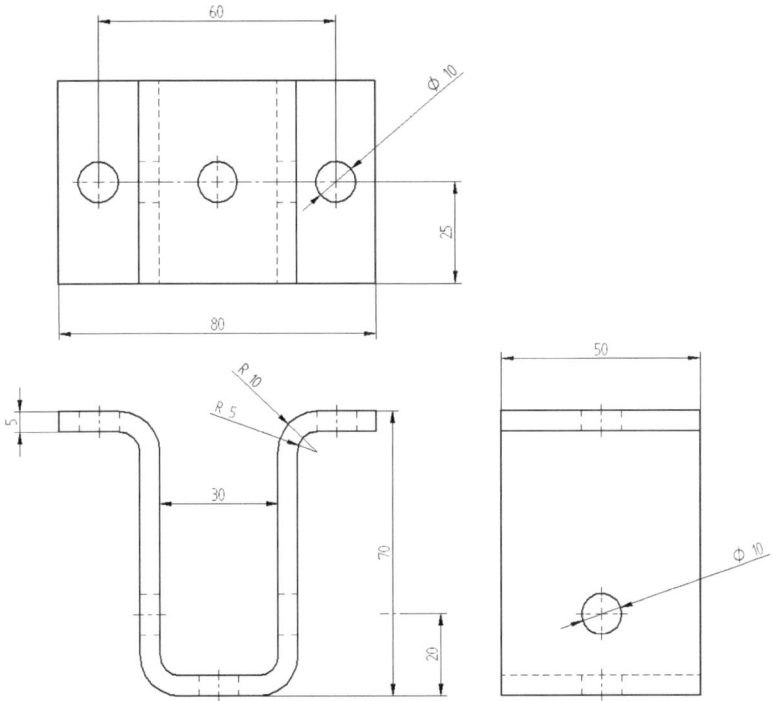

2.2.1 Einstellen der Teileigenschaften

Im Menü DATEN-MANAGEMENT ⇒ EIGENSCHAFTEN ⇒ ÄNDERN ⇒ Reiterkarte BLECHTAFELEIGENSCHAFTEN können die Blechdicke, Biegeradien, Ausklinkungsbreite und Ausklinkungstiefe (siehe Grafik) und die Formel zur Berechnung der gestreckten Länge von Abwicklungen definiert werden. Bei einer Ausklinkung handelt es sich um ein Teil des Bleches, welches entfernt wird, um die Biegung einer Blechtafel, die nicht der gesamten Breite oder Länge entspricht, zu gewährleisten.

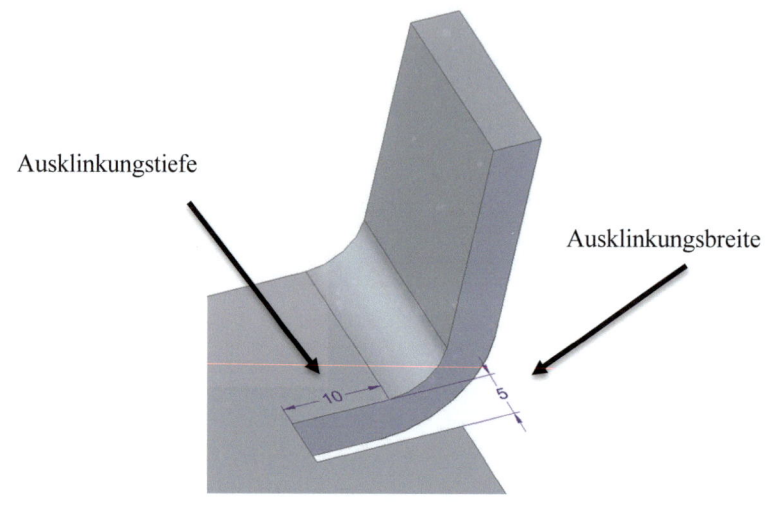

Ausklinkungstiefe

Ausklinkungsbreite

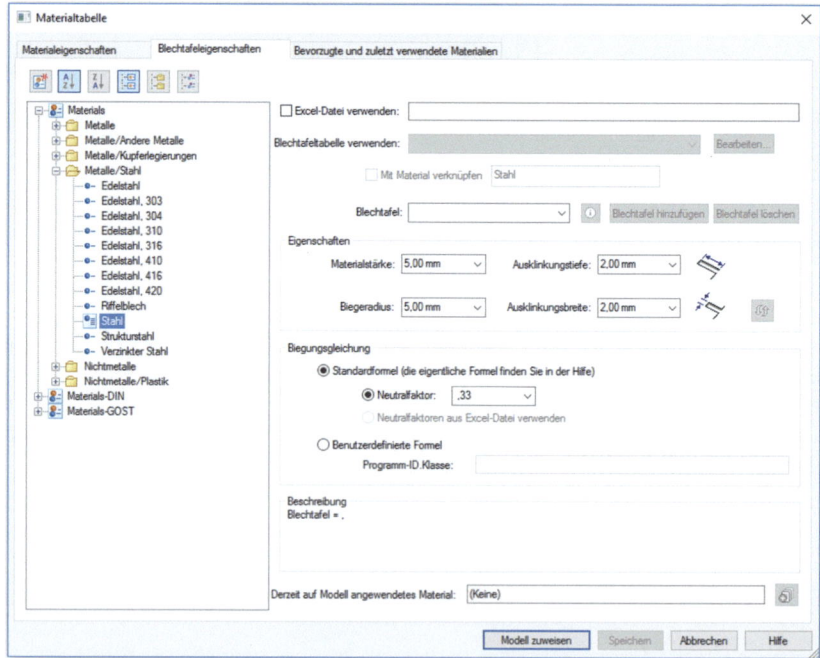

Im Menü DATEN-MANAGEMENT ⇒ EIGENSCHAFTEN ⇒ ÄNDERN ⇒ Reiterkarte BLECHTAFELEIGENSCHAFTEN ⇒ Materialstärke <5 mm> ⇒ Biege-

radius <5 mm> ⇒ Ausklinkungstiefe <5 mm> ⇒ Ausklinkungsbreite <5 mm> ⇒
MODELL ZUWEISEN

 Hinweis: Biegeradius bezieht sich immer auf den Innenradius eines
Blechteils. Auch bei Nutzung weiterer Blechteil-Features wie z. B.
Sicke beziehen sich die Radienwerte immer auf den Innenradius.

2.2.2 Modellieren der Lasche

1. Button LASCHE Lasche

2. Waagerechte Referenzebene wählen ⇒ Skizzenfenster öffnet sich

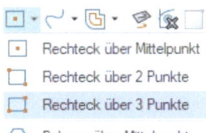

Button RECHTECK ÜBER 3 PUNKTE

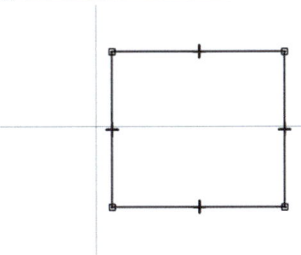

3. Linien mit (<50mm x 30mm> geometrisch und maßlich bestimmen ⇒ SKIZZE
SCHLIEßEN

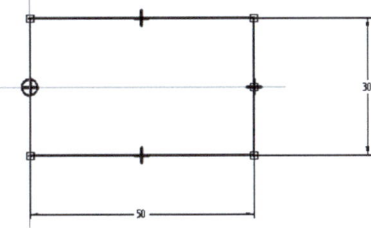

4. Extrusionsrichtung nach oben bestimmen

5. FERTIGSTELLEN ⇒ ABBRECHEN

2.2.3 Modellieren einer Seite

1. Button KONTURLAPPEN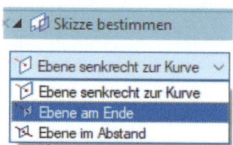

2. In Formatierungsleiste muss EBENE AM ENDE aktiviert sein.

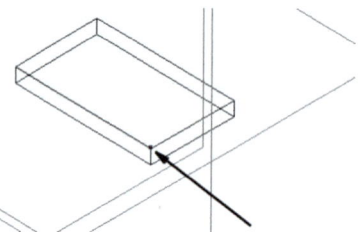

Vordere obere Längskante nahe Endpunkt selektieren (Kante wird orange angezeigt) ⟹ eine orange Ebene wird angezeigt

3. Waagrechte Referenzebene als Basis der Profilebene selektieren, d. h. auf orange markierte Teilfläche klicken ⟹ Teilfläche wird grün

   Richtung der Skizzierebene festlegen mit Klicken des ungefähren Endes der Achse, um die Ausrichtung der Referenzebene anzuzeigen (diese wird in der grünen Referenzebene orange angezeigt) ⟹ Ansicht dreht in Skizzierebene

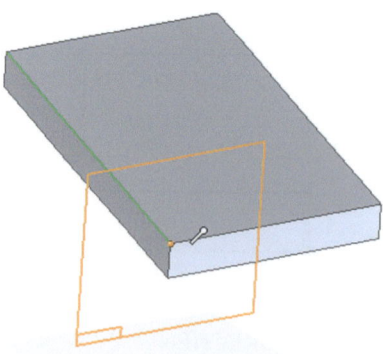

Prinzipielles Profil des Flansches skizzieren und bemaßen:

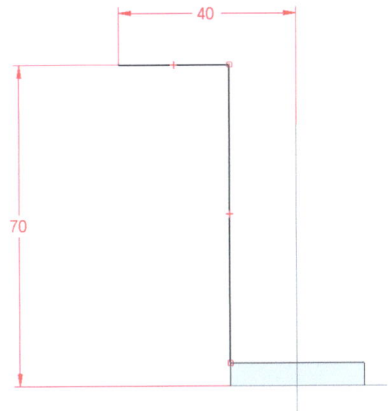

4. SKIZZE SCHLIEßEN

5. Button BIS ZUM ENDE  Bis zum Ende

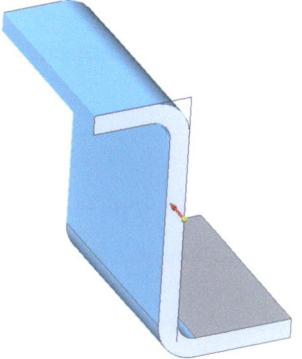

Extrusionsrichtung bestimmen:

6. FERTIGSTELLEN ⇒ ABBRECHEN

Alternativ: Erstelllen einer seperaten Skizze mit dem L-Profil ⇒ KONTURLAP-PEN ⇒ Aus Skizze wählen

Hinweis: Ein Blechteil hat immer eine Blechstärke, kann aber verschiedene lokale Biegeradien besitzen. Zum Einstellen des Biegeradius eines Konturlappens, den Button KONTURLAPPENOPTIONEN Optionen drücken. Wenn das Häkchen bei STANDARDWERT VERWENDEN entfernt wird, kann ein lokaler Wert festgelegt werden.

Im folgenden Dialog kann in den Optionen beim Biegeradius z. B. 3 mm eingestellt werden:

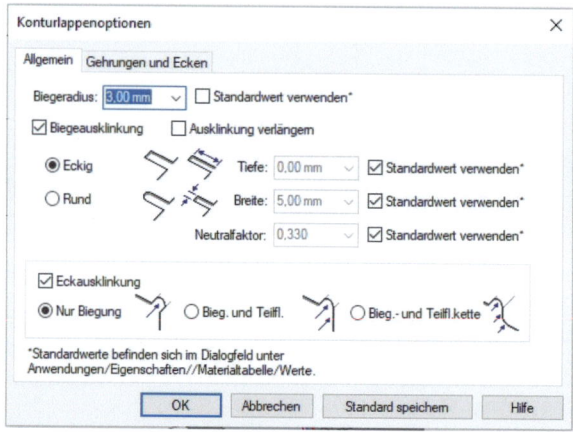

2.2.4 Einfügen der Bohrungen

Bohrungen laut Zeichnung in Oberseite und Seitenfläche einfügen

2.2.5 Spiegeln des Konturlappens

Spiegeln

1. Button FORMELEMENT SPIEGELN

2. Konturlappen und Bohrungen selektieren

3. Mit Haken ✅ bestätigen

4. Senkrechte Referenzebene selektieren ⇒ FERTIGSTELLEN

2.2.6 Erstellen der Zeichnung

1. Neue Draft-Datei öffnen, erste Ansicht platzieren und unter <Oberteil.dft> abspeichern

2. Die Zeichnung ist mit den Funktionalitäten des Einsteigerbuches [Scha-2025] - Kapitel 6 (Zeichnungserstellung) - aus dem 3D-CAD-Modell abzuleiten.

2.3 Modellieren des Unterteils

Allgemeine Vorgehensweise:

- Modellieren des Grundteiles als Lasche

- Einfügen der Seiten als Lappen

- Einfügen der Bohrungen

- Abwickeln des Teiles

- Zeichnungserstellung

Datei neu erstellen:

Neues DIN Metrisches Blechteil öffnen und unter <Unterteil.psm> abspeichern

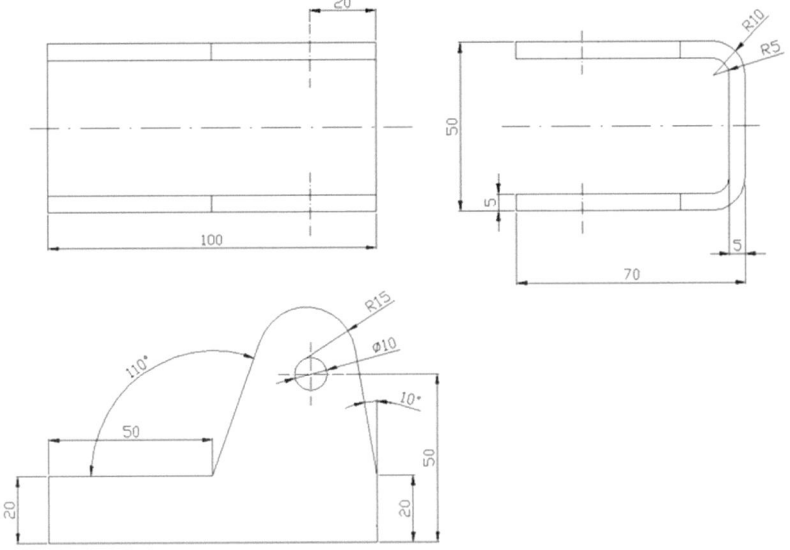

2.3.1 Einstellen der Teileigenschaften

1. Im Menü PRÜFEN ⇒ EIGENSCHAFTEN ⇒ ÄNDERN ⇒ Reiterkarte
   BLECHTAFELEIGENSCHAFTEN

2. Materialstärke <5 mm> ⇒ Biegeradius <5 mm> ⇒ MODELL ZUWEISEN

2.3.2 Modellieren der Lasche

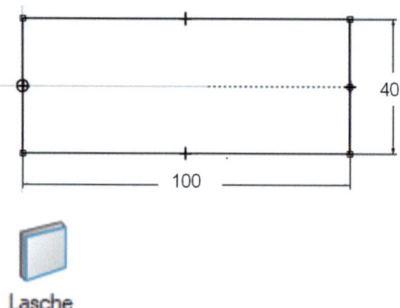

1. Button LASCHE

2. Waagerechte Referenzebene wählen ⇒ Skizzenfenster öffnet sich

3. Button RECHTECK ÜBER 3 PUNKTE ⇒ Rechteck
   <100 mm x 40 mm> erstellen

4. Linien geometrisch und maßlich bestimmen ⇒ SKIZZE SCHLIEßEN

5. Stärke <5 mm> eingeben ⇒ Extrusionsrichtung nach oben bestimmen

6. FERTIGSTELLEN ⇒ ABBRECHEN

2.3.3 Modellieren einer Seite

1. Unter   Button   MEHRKANTENLAPPEN   ⇒   Button   LAPPEN

2. Eine der oberen Längskanten selektieren

3. Button MATERIAL AUßEN 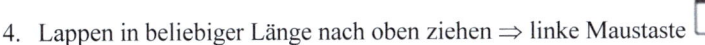 (ansonsten wird später nach dem Spiegeln

   die Breite von 50 mm nicht erreicht, daher **nicht** MATERIAL INNEN
   aktivieren)

4. Lappen in beliebiger Länge nach oben ziehen ⇒ linke Maustaste

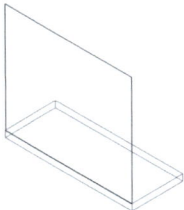

5. FERTIGSTELLEN ⇒ ABBRECHEN

6. Lappen im PathFinder anklicken ⇒ in  auf PROFIL

   BEARBEITEN

7. Kontur skizzieren und bemaßen

8. SKIZZE SCHLIEßEN ⇒ FERTIGSTELLEN ⇒ ABBRECHEN

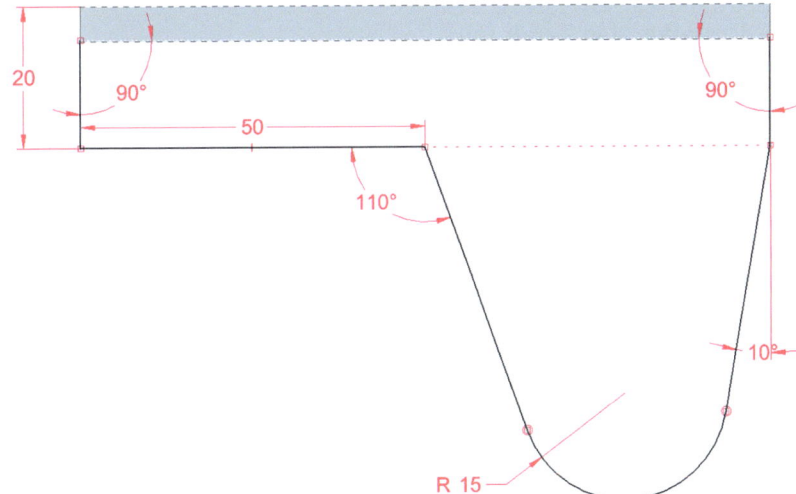

Hinweis: Um sich einen Teil der Bemaßung zu ersparen und die Symmetrie einiger Linien zu nutzen, kann man beim Erzeugen der rechten Linie (mit Winkel 10°) eine Referenz zu der horizontalen Linie (mit Länge 50 mm) erzeugen. Hierzu führt man die Maus über die horizontale Linie und führt die Maus nach rechts, dabei muss die rote gestrichelte Linie sichtbar bleiben.

Beim Bearbeiten einer Kontur des Lappens sollten die Ursprungslinien NICHT gelöscht werden. Der Anfang dieser Linien liegt nicht an der Körperkante, sondern an einer von Solid Edge erzeugten Linie, die als weiße zwei Strich-Punkt-Linie sichtbar ist.

2.3.4 Fertigstellen des Teiles

Einfügen der Bohrung laut Zeichnung und Spiegeln von Lappen und Bohrung

2.3.5 Erstellen der Zeichnung

Analog zum Oberteil

2.4 Zusammenbau der einzelnen Komponenten

Datei neu erstellen:

Neue Assembly-Datei öffnen und unter <Scharnier.asm> abspeichern

2.4.1 Einfügen des Unterteils

1. TEILBIBLIOTHEK
2. <Unterteil.psm> in Arbeitsfenster ziehen

2.4.2 Einfügen des Oberteils

1. TEILBIBLIOTHEK

2. <Oberteil.psm> in Arbeitsfenster ziehen

3. Oberteil an Innenfläche, Bohrung und Stirnfläche des Unterteils ausrichten

2.4.3 Einfügen des Bolzens

1. TEILBIBLIOTHEK

2. <Bolzen.par> in Arbeitsfenster ziehen

3. Bolzen an Außenfläche des Unterteils aufsetzen sowie in Bohrung des Unterteils axial ausrichten und Rotation sperren

2.4.4 Erstellen der Zusammenbauzeichnung

Analog zu Oberteil, zusätzlich noch Stückliste einfügen

2.5 Abwickeln des Unter- und Oberteils

1. Datei <Unterteil.psm> schließen

2. Neues DIN Metrisches Blechteil öffnen und unter <Unterteil_Abwicklung.psm> abspeichern

3. Menüleiste HOME ⇒ Gruppe ZWISCHENABLAGE ⇒ KOPIE EINES

            🔲 ▾   Auswählen
                  ▾

   TEILS 🔲   Kopie eines Teils

4. Datei <Unterteil.psm> auswählen ⇒ ÖFFNEN ⇒ Fenster PARAMETER DER
    TEILKOPIE öffnet sich automatisch

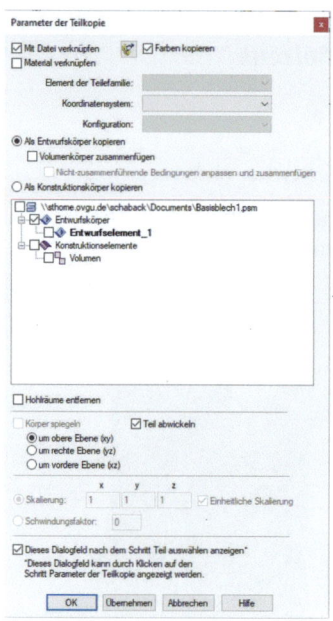

5. Kontrollkästchen MIT DATEI VERKNÜPFEN und TEIL ABWICKELN müs-
    sen aktiviert sein ⇒ OK ⇒ FERTIGSTELLEN

Die Abwicklung bleibt mit dem eigentlichen Teil verknüpft.

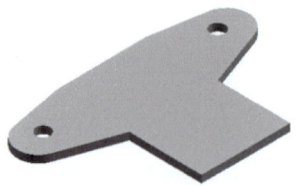

Zur weiteren Übung: das Oberteil abwickeln wie Unterteil

Hinweis: Bei der Abwicklung ist darauf zu achten, dass der Radio-Button unter
TEIL ABWICKELN auf UM OBERE EBENE (XY) steht (siehe Dialog im vorigen Schritt 4).

2.6 Basisbleche der Siloanlage

Im weiteren Verlauf des Buches werden die Funktionen von Solid Edge anhand einer Siloanlage gezeigt. Ein Teil dieser Siloanlage besteht aus Blechteilen. Die drei Teile in den folgenden drei Technischen Zeichnungen sollen selbstständig als separate Blechteile erzeugt werden. Die Bohrungen sind mit einem KREISMUSTER zu erstellen.

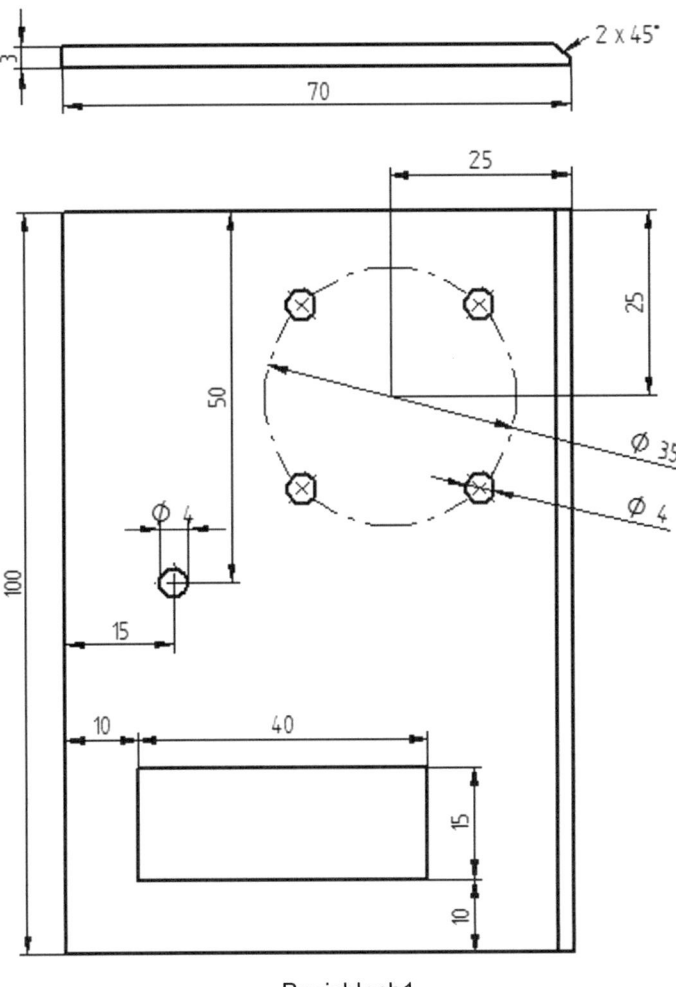

Basisblech1

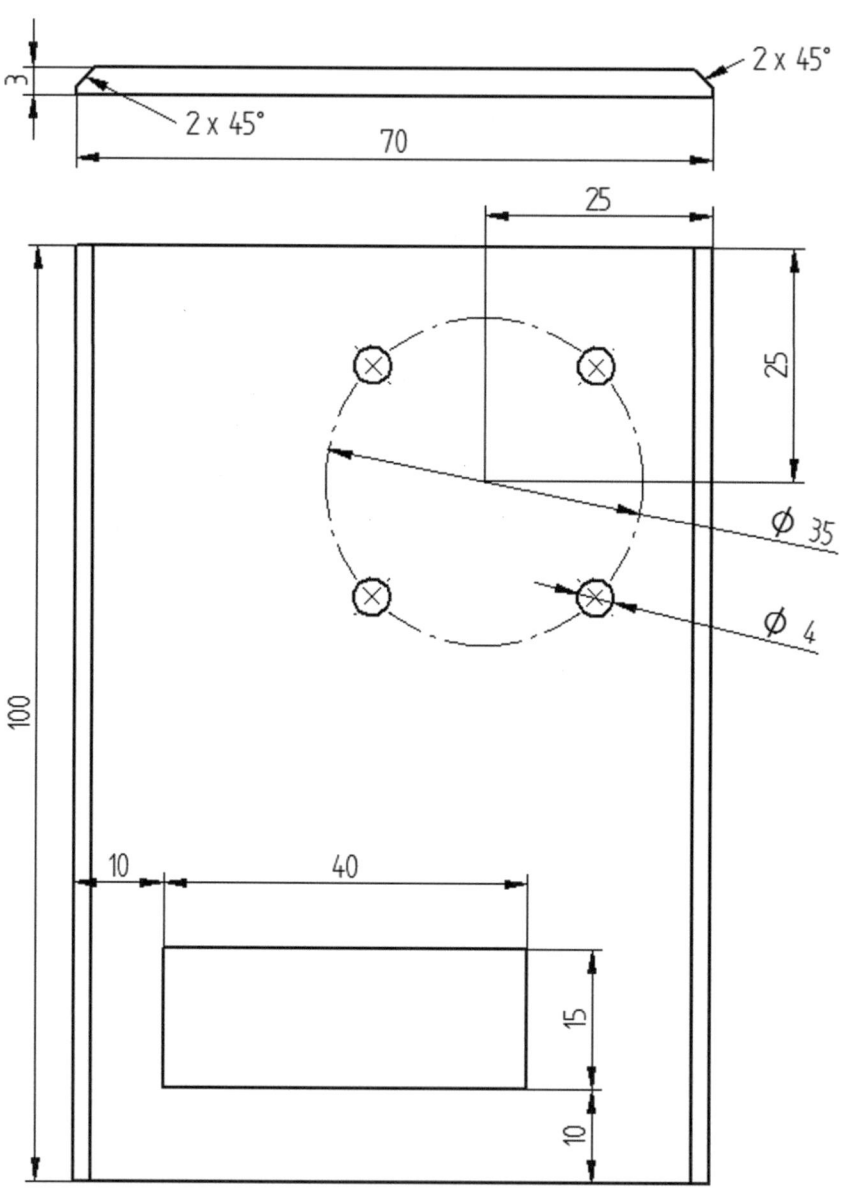

Basisblech2

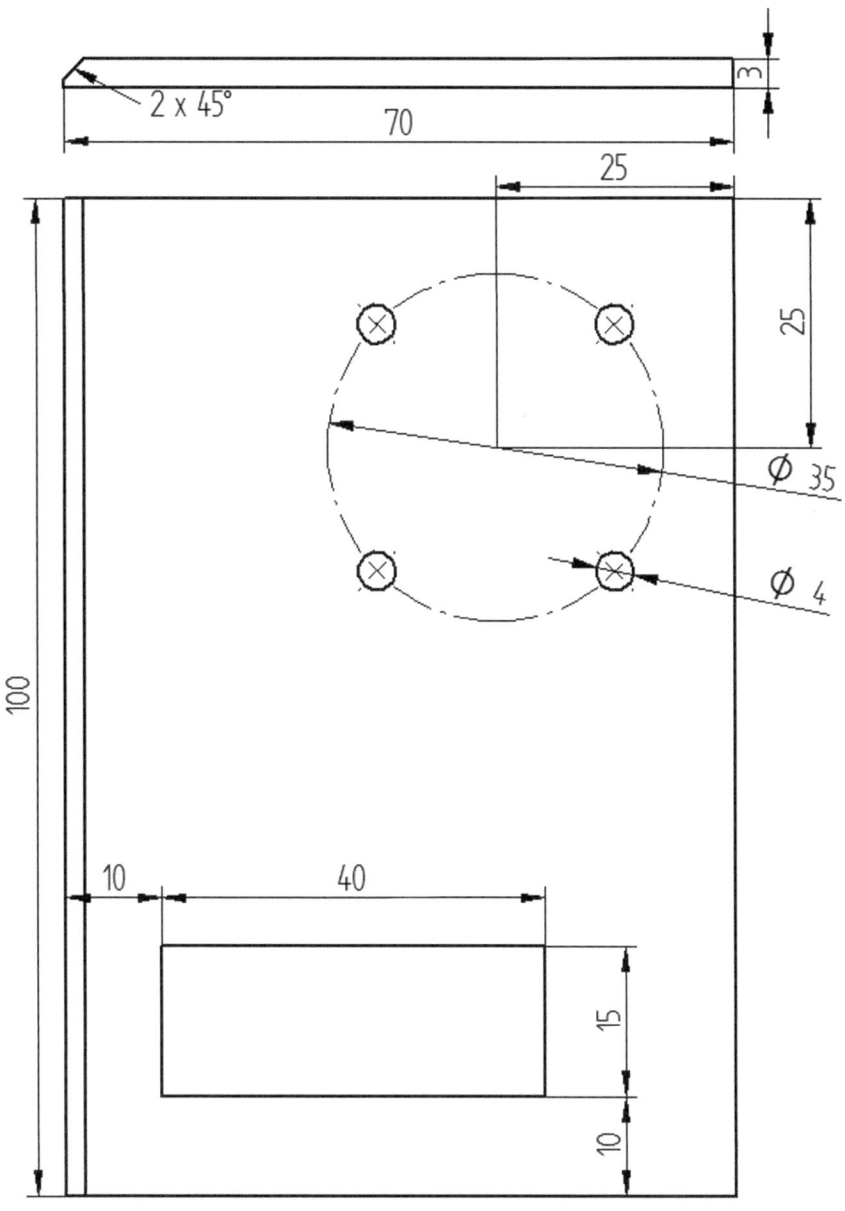

Basisblech3

2.7 Kontrollfragen

1. Wo werden Materialstärke und Biegeradius eingestellt?

2. Was ist der Unterschied zwischen Lappen und Konturlappen?

3. Worauf muss man beim Skizzieren des Profils des Lappens achten?

4. Worin unterscheidet sich MATERIAL INNEN von MATERIAL AUßEN bei der Modellierung eines Lappens an einer Lasche?

5. Was hätte man für das Unterteil bei der Modellierung des Lappens einstellen müssen, wenn man bei der Modellierung der Lasche ein Rechteck 50 mm * 100 mm erstellt hätte (statt 40 mm * 100 mm)?

6. Wie kann der Konturlappen im Oberteil auf eine einfachere Weise erstellt werden?

7. Wie hätte das gesamte Oberteil mit dem Konturlappen modelliert werden können?

8. Was verbirgt sich hinter dem Begriff *Blechtafel* und was bedeutet dies für die Einstellungen in Solid Edge?

9. Können für zu erstellende Lappen und Konturlappen jeweils unterschiedliche Biegeradien verwendet werden?

3 Modellierung einer Schweißbaugruppe (Weldment)

Dieses Kapitel widmet sich der Schweißbaugruppe in Solid Edge. Aus den drei Basisblechen aus Kapitel 2, einem Behälter sowie einem Silo soll eine Schweißbaugruppe entstehen, die um Schweißnähte ergänzt wird.

3.1 Einzelteile der Siloanlage

Ergänzend zu den in Abschnitt 2.6 genannten Basisblechen wird noch ein Behälter sowie ein Silo benötigt.

Modellieren des Behälters mit der folgenden Technischen Zeichnung:

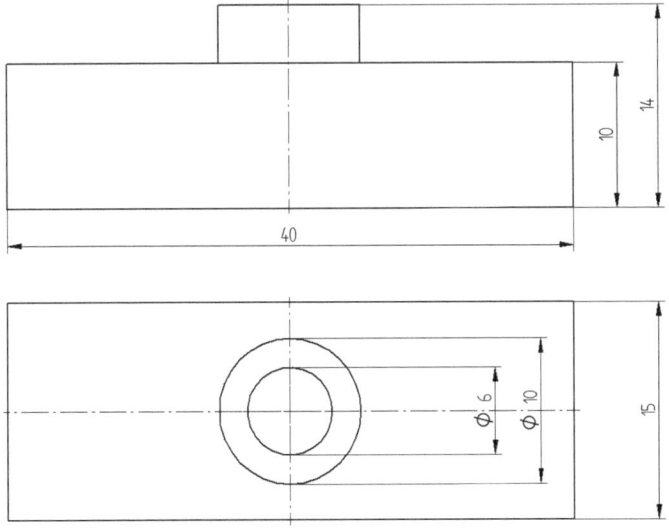

Modellieren des Silos mit der folgenden Technischen Zeichnung:

Beim Silo ist darauf zu achten, dass die vier Füße als ein Kreismuster ausgeführt werden. Die Verrundungen oben und unten müssen mit dem Feature VER-RUNDUNG erstellt werden.

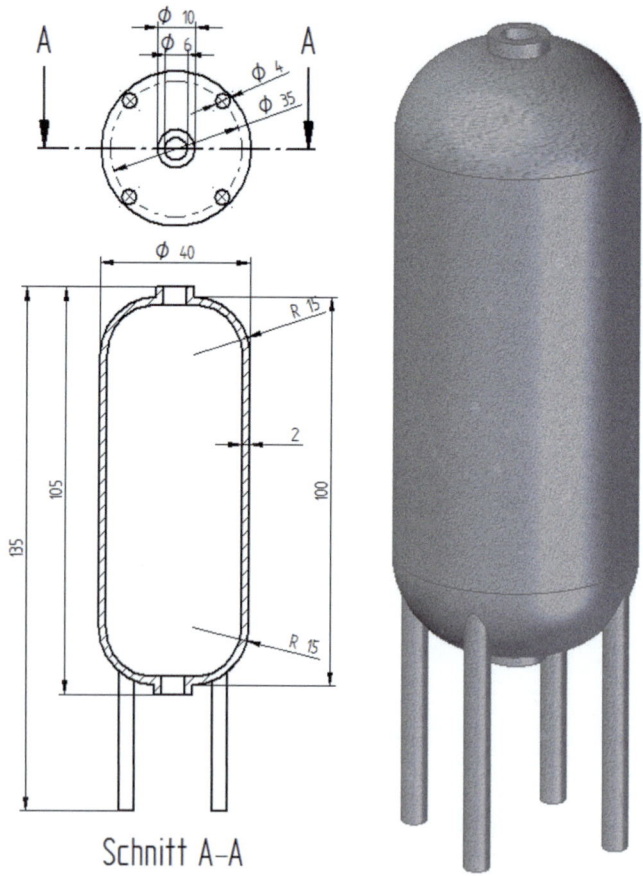

Schnitt A-A

3.2 Grundlagen einer Schweißnaht in Solid Edge

In diesem Abschnitt soll ein kurzer Überblick gegeben werden, wie eine Schweißnaht in Solid Edge gekennzeichnet und dargestellt werden kann. Das Dialogfeld, welches beim Erstellen einer Schweißnaht erscheint, sieht sowohl in der Schweißbaugruppe bei allen Schweißnahttypen als auch bei der Zeichnungserstellung ähnlich aus.

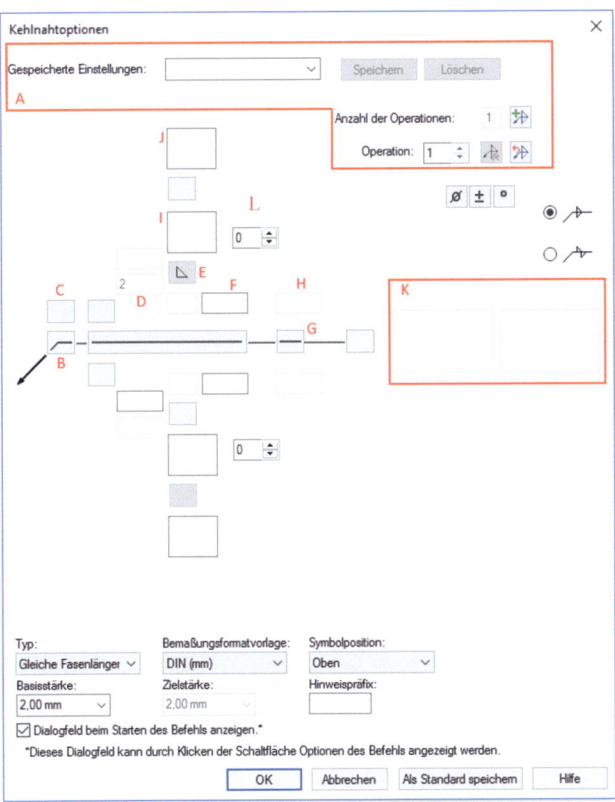

Kennzeichnung	Bedeutung
A	Verwalten von mehreren Nahtoptionen
B	Ringsum-Symbol für umlaufende Nähte
C	Feld- /Standortsymbol zur Angabe einer links- oder rechtsseitigen Naht
D	Schweißnahtgröße

Kennzeichnung	Bedeutung
E	Angabe des Schweißsymbols
F	Länge der Schweißnaht und Steigung, Angaben zu unterbrochenen Schweißnähten
G	Angabe, ob eine periodische Schweißnaht vorliegt
H	Abstand zwischen periodischen Schweißnähten
I	Angabe von Öffnungswinkel und Wurzelspalt
J	Oberflächenbehandlungssymbol
K	Weitere Angaben zur Schweißnaht
L	Offset der Schweißnaht zu Anfang/Ende

Soll beispielsweise eine unterbrochene Kehlnaht mit Nahtdicke <5 mm>, 3 Einzelnähte, Einzelnahtlänge <10 mm> und ein Nahtabstand von <20 mm> als Schweißmarkierung erzeugt werden, muss mit Button 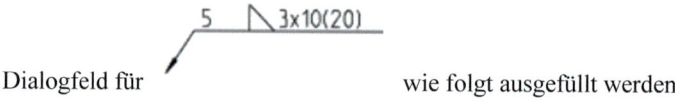 das

Dialogfeld für   wie folgt ausgefüllt werden:

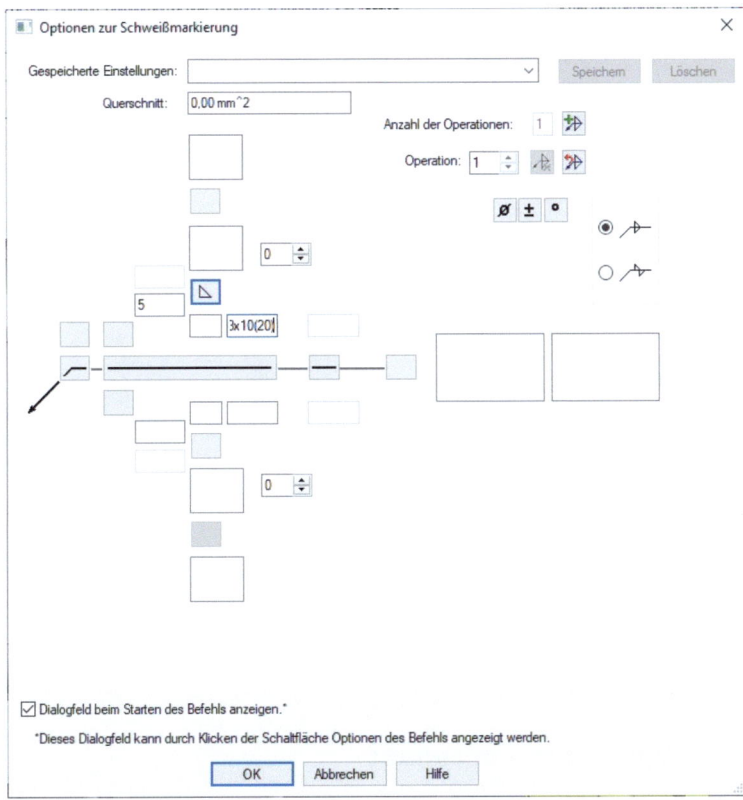

3.3 Erstellen einer Schweißkonstruktion

Datei neu erstellen:

1. Menüleiste DATEI ⇒ NEU

2. <DIN Metrische Schweißkonstruktion> auswählen

3. Unter <Siloanlage.asm> speichern

4. Koordinatensystem (Base) ausblenden

5. Einfügen des ersten Teils <Basisblech1.psm>

6. Einfügen aller anderen Bauteile wie in einer gewöhnlichen Baugruppe

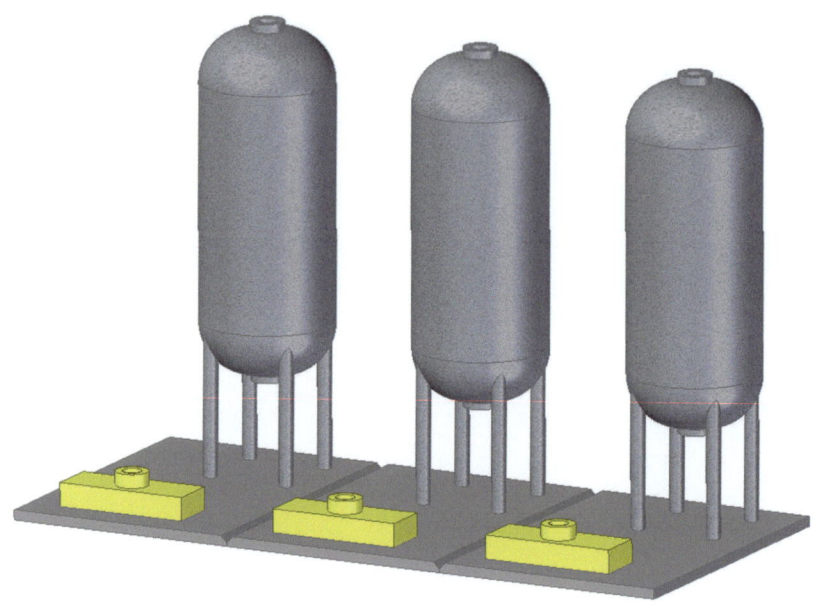

3.4 Erzeugen einer Fugennaht

Als nächstes sollen die drei Basisbleche mit einer Fugennaht verbunden werden.

1. **Hinweis**: Sollte die normale Bau-
   gruppenvorlage für die Erstellung von
   Baugruppen geöffnet worden sein, so
   kann man dies nachträglich wie folgt
   korrigieren: Menüleiste EXTRAS ⇒
   Gruppe MODELL ⇒
   SCHWEIßKONSTRUKTION ⇒
   Haken setzen bei ⇒ OK, damit die
   Schweißfeatures unter Menüleiste
   FORMELEMENTE verfügbar sind.

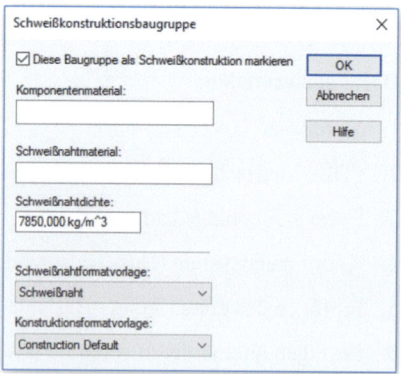

2. Menüleiste FORMELEMENTE ⇒
   Gruppe SCHWEIßFORMELEMEN-
   TE DER BAUGRUPPE ⇒
   FUGENNAHT ⬛ Fugennaht (die Stan-

dardoptionen der Fugennaht füllen die gesamte Fuge, es sind somit keine weiteren Einstellungen mehr erforderlich) ⇒ OK

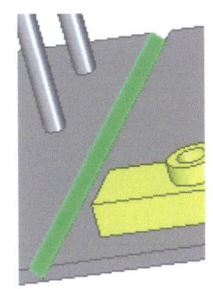

3. Anklicken der Fase von Basisblech1 für BASISFLÄCHEN

   AUSWÄHLEN  ⇒ mit Haken

    bestätigen

4. Anklicken der gegenüberliegenden Fase von Basisblech2 für ZIELFLÄCHEN AUSWÄHLEN

    ⇒ mit Haken  bestätigen

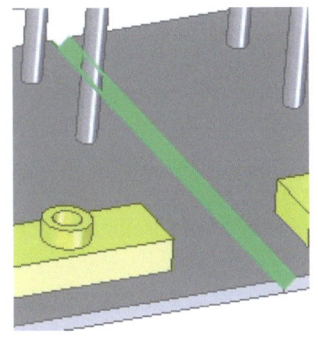

5. PFADPROJEKTION BESTIMMEN aufklappen und den obersten Pfad auf <FLÄCHE VERLÄNGERN> einstel-

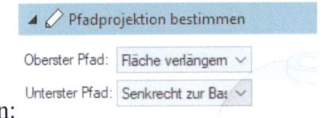

len:

6. VORSCHAU

7. FERTIG STELLEN

8. ABBRECHEN

9. Die Schritte 2 – 8 für die zweite Fugennaht zwischen Basisblech2 und Basisblech3 wiederholen

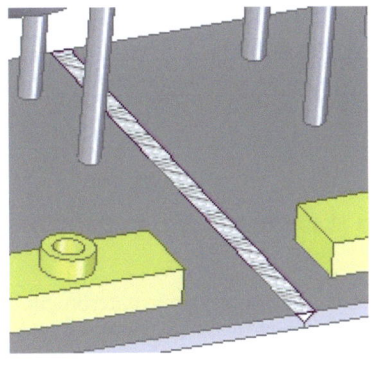

3.5 Erzeugen einer Kehlnaht

Als nächstes sollen die einzelnen Silos sowie die Behälter mit den Basisblechen verschweißt werden. Hierzu soll eine Kehlnaht verwendet werden.

1. Menüleiste FORMELEMENTE ⇒ Gruppe SCHWEIßFORMELEMEN-TE DER BAUGRUPPE ⇒ KEHL-

   NAHT

2. Einstellen der BASISSTÄRKE auf <2 mm> ⇒ OK

3. Auswahl der Oberseiten aller drei Basisbleche ⇒ mit Haken 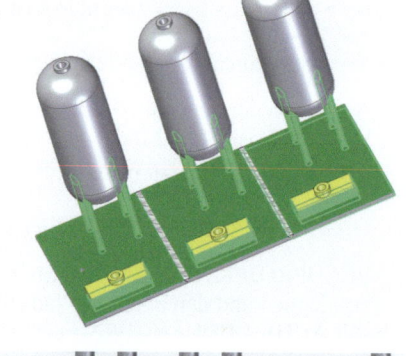 bestätigen

4. Auswahl aller Füße der Silos sowie die Seitenflächen der Behälter ⇒ mit Haken 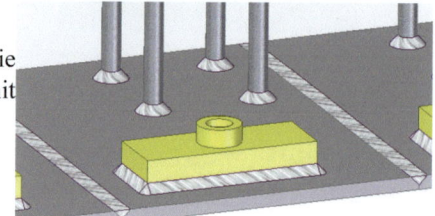 bestätigen

5. VORSCHAU

6. FERTIG STELLEN

7. ABBRECHEN

3.6 Erzeugen einer unterbrochenen Schweißnaht

Für die Erzeugung einer unterbrochenen Schweißnaht muss zunächst eine Fugen- oder Kehlnaht nach Abschnitt 3.4 und Abschnitt 3.5 erzeugt worden sein.

1. Menüleiste FORMELEMENTE ⇒ UNTERBROCHENE SCHWEIßNAHT 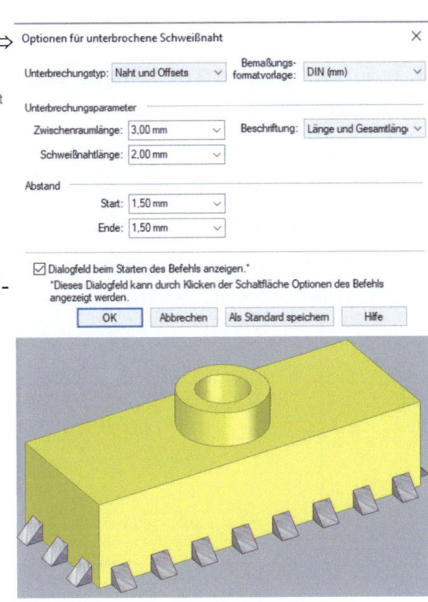 Unterbrochene Schweißnaht

2. Unterbrechungstyp im Dialog (siehe rechts) auf NAHT UND OFFSETS einstellen

3. Zwischenraumlänge, Schweißnaht- länge, Abstand Start und Ende im Di- alog (siehe rechts) einstellen ⇒ OK

4. Schweißnaht, die unterbrochen wer- den soll, anklicken

5. Den Beginn der unterbrochenen Schweißnaht mit dem orangenen Rechteck festlegen

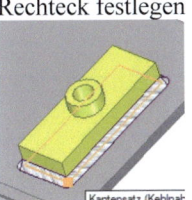

6. Laufrichtung mit rotem Pfeil bestim- men (**Hinweis:** Dieser Schritt kommt nur vor, wenn es eine geschlossene Kehlnaht ist) ⇒ mit Haken bestätigen

7. FERTIG STELLEN

8. ABBRECHEN

Hinweis: Durch Umstellen des Unterbrechungstyp von NUR NAHT auf NAHT UND OFFSETS kann definiert werden, welcher Teil einer Schweißnaht unterbro- chen wird und welcher Teil kontinuierlich verläuft.

3.7 Erzeugen einer umlaufenden Fugennaht

Anhand von zwei Rohrstücken soll die Erzeugung einer umlaufenden Fugennaht gezeigt werden. Das Rohr ist entsprechend folgender Zeichnung als DIN metrisches Teil zu erstellen.

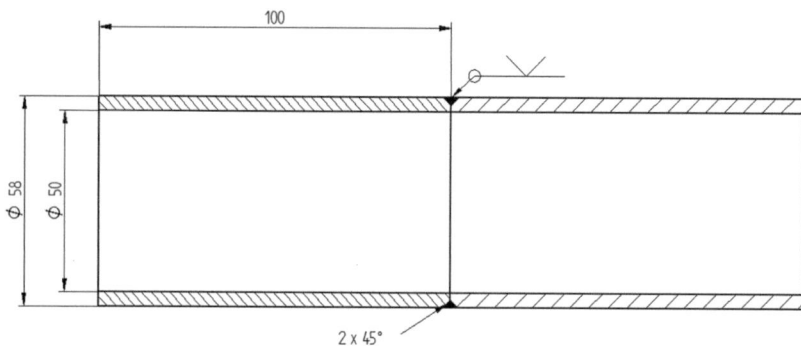

1. Menüleiste DATEI ⇒ NEU

2. <DIN Metrische Schweißkonstruktion> auswählen

3. Unter <Rohrverbindung.asm> speichern

4. Koordinatensystem (Base) ausblenden

5. Einfügen des ersten Teils <Rohr.par>

6. Einfügen des zweiten Rohrs wie in einer gewöhnlichen Baugruppe

7. Baugruppe als Schweißkonstruktion markieren, hierzu Menüleiste EXTRAS ⇒ Gruppe MODELL ⇒ SCHWEIßKONSTRUKTION ⇒ Dialogfeld wie dargestellt ausfüllen ⇒ OK

8. Menüleiste FORMELEMENTE ⇒ Gruppe SCHWEIßFORMELEMENTE DER BAUGRUPPE ⇒ FUGENNAHT

9. Übernehmen der Einstellungen im Dialogfeld wie folgt:

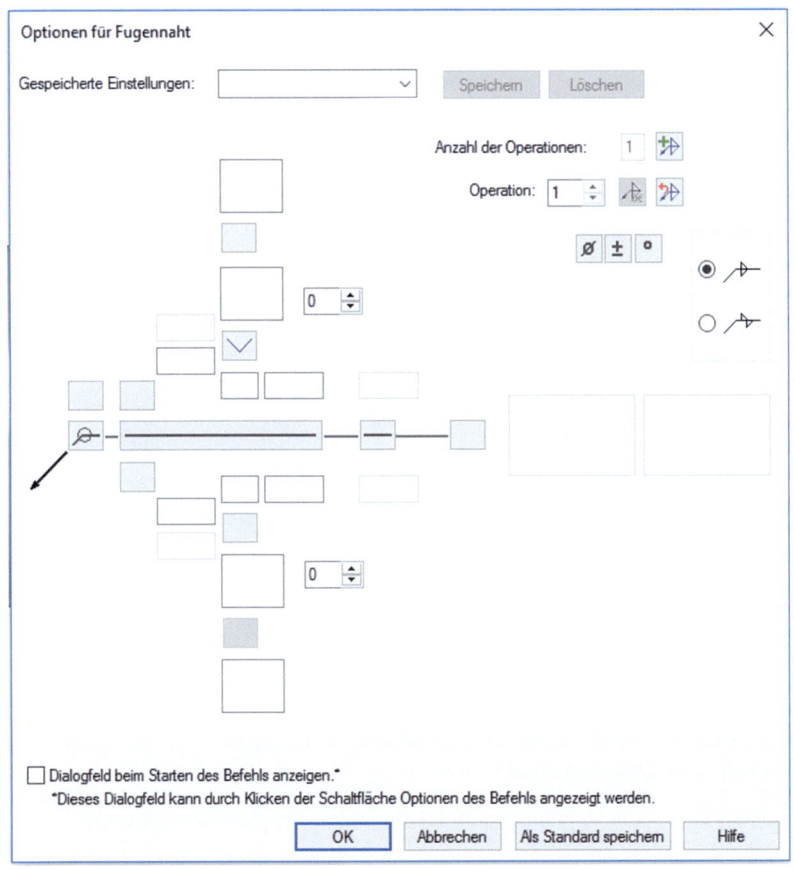

10. Die jeweiligen Fasen als BASISFLÄCHE und ZIELFLÄCHE definieren ⟹ mit Haken ☑ bestätigen

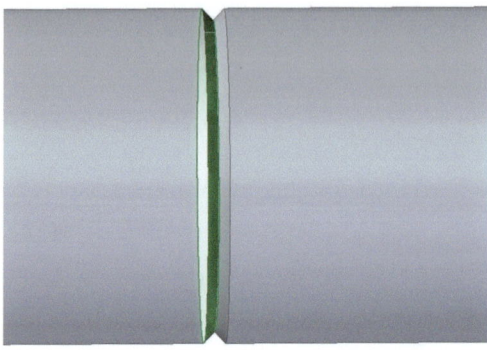

11. PFADPROJEKTION BESTIMMEN aufklappen und den obersten Pfad auf

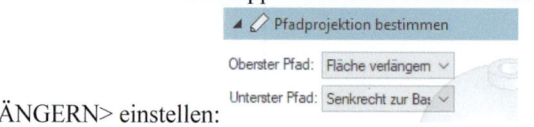

<FLÄCHE VERLÄNGERN> einstellen:

12. VORSCHAU ⇒ FERTIG STELLEN ⇒ ABBRECHEN

3.8 Kontrollfragen

1. Worin unterscheidet sich die DIN Metrische Baugruppe von der DIN Metrischen Schweißkonstruktion?

2. Wozu dienen die Operationen im Dialogfeld zu den Kehlnahtoptionen?

3. Wo werden die Oberflächenangaben zur Schweißnahtgüte im Dialogfeld für eine Kehlnaht angegeben?

4. Worauf muss beim Verbinden von zwei Blechen mit einer Fugennaht geachtet werden?

5. Wie kann die Darstellung einer Schweißnaht in Solid Edge angepasst werden?

6. Welche konstruktiven Maßnahmen sind zu beachten, um Bauteile zu einer Schweißkonstruktion zusammenzufügen?

7. Können die Schweißnahtfunktionen auch in der Einzelteilumgebung durchgeführt werden?

4 Freiformmodellierung mit Splines

In diesem Kapitel werden mit Hilfe von Splines und Skizzen verschiedene Körper modelliert. Es werden vier verschiedene Methoden zur Erzeugung von Volumenkörpern und Flächen gezeigt. Als erstes wird ein Sattel mit Hilfe von Tabellenkurven aus einer gegebenen Punktemenge einer Sattelhälfte, die in einer Excel-Tabelle angelegt wurde, und einer *geführten Fläche* mit einer *Verstärkung* erzeugt. Anschließend werden ein Torus mit einer Führungskurve und Querschnitt sowie ein Pokal mit Hilfe von drei Querschnitten, einer verschiedenen Anzahl von Führungskurven und einer *geführten Ausprägung* modelliert. Es folgt die Modellierung einer Feder durch eine *Schraubenfläche*. Zum Abschluss erfolgt der exemplarische Zusammenbau von Volumenkörpern, die mit verschiedenen Modelliermethoden erzeugt wurden.

4.1 Erzeugen eines Sattels mit Splines

Gesamtvorgehensweise:

- Generieren der Tabellenkurven für die untere Hälfte des Sattels

- Spiegeln der Tabellenkurven

- Generieren der Verbindungskurven (Eigenpunktkurven) zwischen den Tabellenkurven

- Generieren der Führungskurven (Verbinden der äußeren Punkte der Tabellenkurven auf der jeweiligen Hälfte und der Mittelpunkte der Verbindungskurven)

- Erzeugen der geführten Fläche

- Prüfen der Symmetrie

- Trimmen einer Flächenhälfte

- Spiegeln einer Flächenhälfte

- Vernähen der getrennten Flächen

- Verstärken der Fläche

- Einfügen der Bohrungen

- Verrunden der Kanten

© Der/die Autor(en), exklusiv lizenziert an
Springer Fachmedien Wiesbaden GmbH, ein Teil von Springer Nature 2026
M. Schabacker, *Solid Edge 2025 für Fortgeschrittene – kurz und bündig*,
https://doi.org/10.1007/978-3-658-49845-0_4

Gegebene Punktemenge der Beschreibung einer Sattelhälfte:

	x	y	z		x	y	z
1. Punkt:	-273	-49,1	-11,0	21. Punkt:	-123	-86,1	-10,9
2. Punkt:	-273	-49,2	-19,5	22. Punkt:	-123	-93,8	-21,8
3. Punkt:	-273	-49,9	-27,8	23. Punkt:	-123	-106,3	-27,4
4. Punkt:	-273	-51,4	-36,1	24. Punkt:	-123	-118,3	-34,4
5. Punkt:	-273	-53,9	-44,1	25. Punkt:	-123	-128,1	-42,8
6. Punkt:	-243	-39,1	-10,9	26. Punkt:	-83	-89,1	-10,9
7. Punkt:	-243	-41,1	-31,7	27. Punkt:	-83	-95,1	-20,1
8. Punkt:	-243	-47,0	-51,9	28. Punkt:	-83	-103,2	-24,6
9. Punkt:	-243	-59,5	-68,5	29. Punkt:	-83	-111,7	-30,9
10. Punkt:	-243	-76,1	-80,9	30. Punkt:	-83	-119,9	-36,5
11. Punkt:	-203	-70,1	-10,9	31. Punkt:	-43	-90,1	-10,9
12. Punkt:	-203	-78,9	-29,3	32. Punkt:	-43	-93,7	-17,8
13. Punkt:	-203	-93,8	-44,6	33. Punkt:	-43	-99,4	-23,3
14. Punkt:	-203	-104,3	-63,2	34. Punkt:	-43	-105,2	-28,7
15. Punkt:	-203	-109,1	-83,9	35. Punkt:	-43	-111,1	-33,9
16. Punkt:	-163	-80,5	-10,9	36. Punkt:	0	-89,9	-9,8
17. Punkt:	-163	-90,4	-24,0	37. Punkt:	0	-91,3	-15,5
18. Punkt:	-163	-106,5	-31,6	38. Punkt:	0	-94,2	-20,5
19. Punkt:	-163	-121,5	-41,4	39. Punkt:	0	-97,5	-25,3
20. Punkt:	-163	-134,1	-53,9	40. Punkt:	0	-101,8	-29,0

 Hinweis: Diese Punktemenge ist als Excel-Tabelle unter *http://www.bapm.de/solidedge/sattelpunkte.xls* herunterladbar.

4.1.1 Generieren und Spiegeln der Tabellenkurven

In diesem Abschnitt werden die Tabellenkurven für die untere Hälfte des Sattels generiert und anschließend gespiegelt.

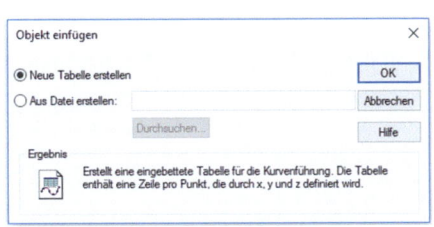

Tabellenkurven lassen sich aus einer Excel-Tabelle mit allen Punktkoordinaten der Kurvenpunkte übernehmen.

1. Neues DIN Metrisches Teil öffnen und unter <Sattel.par> speichern

2. Menüleiste FLÄCHENMODELLIERUNG ⇒ Gruppe KURVEN ⇒ KURVE ÜBER TABELLE

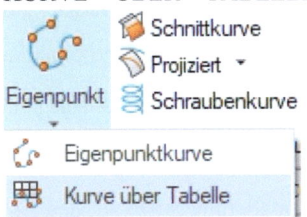

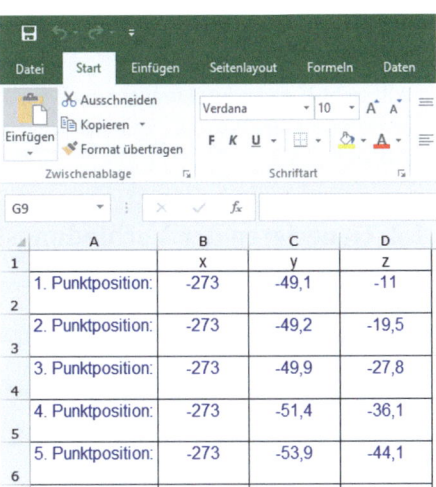

3. Radio-Button NEUE TABELLE ERSTELLEN auswählen

4. OK

5. aus der nebenstehenden Excel-Tabelle die erste Gruppe Punkt-Koordinaten übernehmen (die ersten fünf Punkte)

6. in Excel ⇒ DATEI (bzw. SCHALTFLÄCHE 'OFFICE') ⇒ SCHLIEßEN

7. FERTIGSTELLEN (EINPASSEN wählen, um die erzeugte Tabellenkurve zu sehen)

8. Mit den restlichen sieben Punktegruppen wiederholen

9. SPIEGELKOPIE EINES TEILS

10. Alle acht Kurven im Arbeitsbereich selektieren ⇒ mit Haken ✅ bestätigen ⇒ Ebene Oben(xy) als Spiegelebene auswählen ⇒ FERTIGSTELLEN ⇒ ABBRECHEN

4.1.2 Generieren der Verbindungskurven (Eigenpunktkurven)

1. Die Lücken zwischen den Tabellenkurven mit jeweils einer Eigenpunktkurve
 Eigenpunktkurve verbinden, hierzu die Endpunkte der sich gegenüber liegenden Splines anklicken und dann mit Haken ✅ bestätigen

⇒ nach dem Platzieren der Kurve in der Formatierungsleiste auf den Button ENDBEDINGUNGEN Endbedingungen klicken

und den Anfang sowie das Ende auf kontinuierliche Tangente einstellen

⇒ BEACHTE: rote Punkte müssen auf der blauen Linie liegen, da sonst die blaue Linie über einen Bogen an die roten Punkte stößt (daher ggf. Vorzeichen umkehren ⇒ Return-Taste ⬅ drücken)

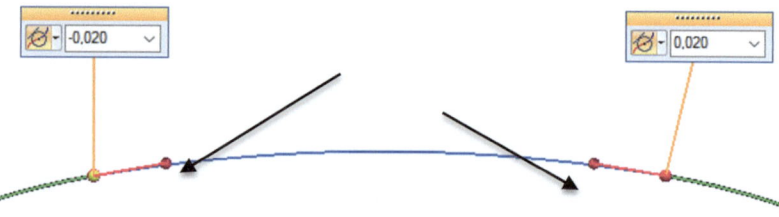

⇒ VORSCHAU ⇒ FERTIGSTELLEN

Hinweis: Sollten in der Formatierungsleiste die Endbedingungen nicht dargestellt werden ⇒ auf den Button TANGENTENSTEUERUNGSZIEHPUNKTE
EIN-/AUSBLENDEN einschalten:

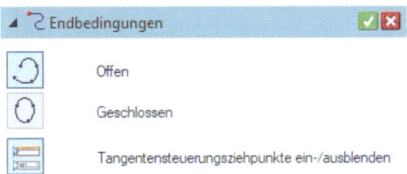

2. Die äußeren Enden der Kurven mit jeweils einer Eigenpunktkurve („Führungskurve") verbinden ⇒ FERTIGSTELLEN ⇒ ABBRECHEN

3. Die Mittenpunkte der Verbindungskurven auch mit einer Eigenpunktkurve
   („Führungskurve") verbinden

   ⇒ Hierzu den Punktefang auf MITTENPUNKT umstellen

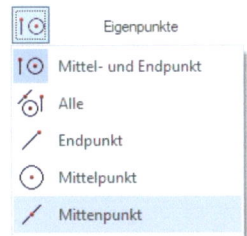

4. FERTIGSTELLEN ⇒ ABBRECHEN

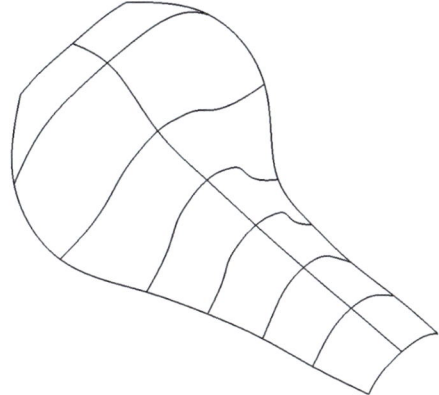

4.1.3 Erzeugen der geführten Fläche

1. Menüleiste FLÄCHEN-
   MODELLIERUNG ⇒
   Gruppe FLÄCHEN ⇒
   GEFÜHRT

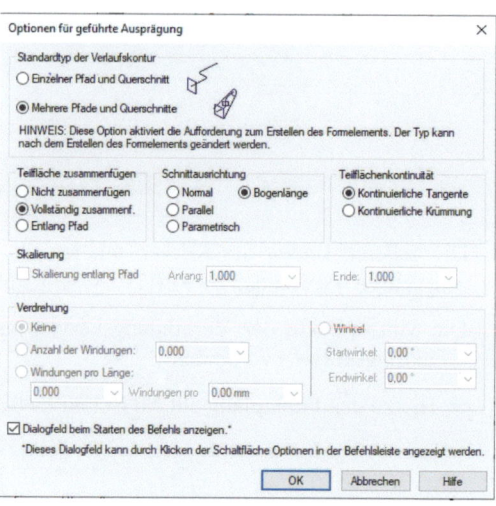

2. Auswahl siehe Darstel-
   lung rechts: Radio-Button
   jeweils einstellen auf
   VOLLSTÄNDIG
   ZUSAMMENFÜGEN
   und BOGENLÄNGE

   Hinweis: Sollte es bei
   der Erzeugung der Fläche
   zu einem Fehler kom-
   men, den Radio-Button
   bei SCHNITTAUSRICH-
   TUNG auf NORMAL
   umstellen ⇒ OK

3. Zuerst die drei Führungskurven (Pfade) selektieren (mehr geht nicht) ⇒
   nach jeder Kurve Haken
    drücken

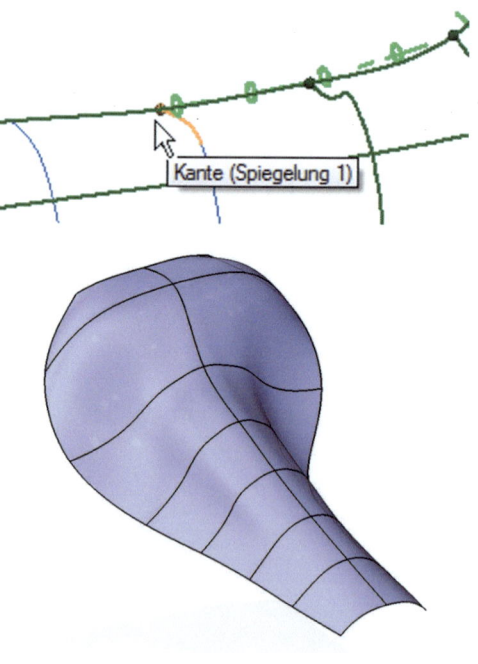

4. Alle Profile (Querschnitte) nacheinander auswählen
   Hinweis: Darauf achten,
   dass der Anfangspunkt
   als Polygon am äußeren
   Rand auf der gleichen
   Seite angezeigt wird

5. Nach der Selektion der
   drei Kurven (Tabellen-,
   Eigenpunkt- und gespie-
   gelte Tabellenkurve) eines Profils den Haken
    drücken

6. VORSCHAU

7. FERTIGSTELLEN

8. ABBRECHEN

4.1.4 Prüfen der Symmetrie

Zebrastreifen-Flächen sind zum Visualisieren von Krümmungen in Oberflächen hilfreich, um festzustellen, ob ungewünschte Verformungen oder Biegungen in der Oberfläche vorhanden sind.

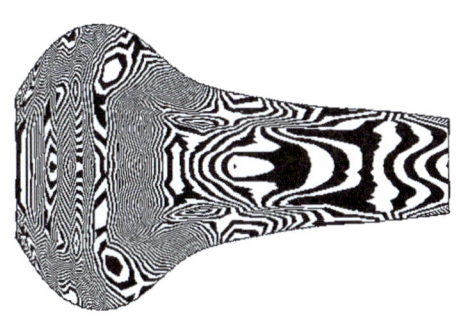

1. Menüleiste PRÜFEN ⇒ Gruppe ANALYSIEREN ⇒ ZEBRA-STREIFEN ⇒ EINSTELLUNGEN

2. Häkchen in Kästchen STREI-FEN ANZEIGEN setzen

3. Gewünschte Ansicht wählen und Oberfläche prüfen

4. SCHLIEßEN

4.1.5 Trimmen einer Fläche

Um die Qualität der Oberfläche zu verbessern, kann es sinnvoll sein, die erzeugte Fläche zunächst zu trimmen und dann mit einer Spiegelung eine Kopie der verbliebenen Flächenhälfte zu erzeugen.

Das Feature TRIMMEN befindet sich in der Menüleiste FLÄCHENMODEL-LIERUNG in der Gruppe FLÄCHEN ÄNDERN.

1. Menüleiste FLÄCHENMODELLIERUNG ⇒ Gruppe FLÄCHEN ÄNDERN ⇒ TRIMMEN 🔖 Trimmen

2. Geführte Fläche selektieren ⇒ mit Haken bestätigen

3. Ebene Oben (xy) auswählen ⇒ mit Haken bestätigen

4. Die zu entfernende Hälfte anwählen und bestätigen ⇒ mit Haken 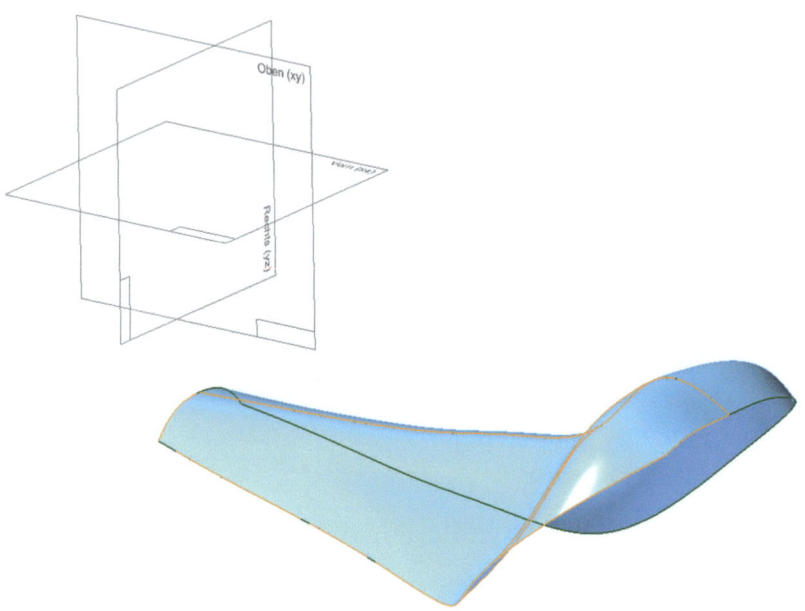 bestätigen

5. FERTIGSTELLEN
6. ABBRECHEN

4.1.6 Spiegeln und Vernähen der Fläche

1. Menüleiste   FLÄCHENMODELLIERUNG   ⇒   Gruppe   MUSTER   ⇒

   SPIEGELKOPIE EINES TEILS

2. Auswahl der vorhandenen Fläche ⇒ mit Haken bestätigen

3. Ebene Oben (xy) auswählen

4. FERTIGSTELLEN ⇒ ABBRECHEN

5. Button VERNÄHEN anklicken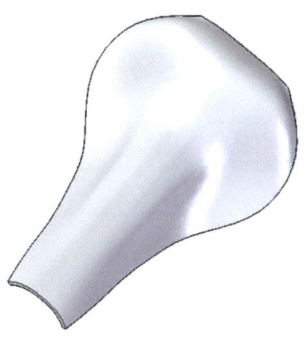

6. Dialogfeld mit OK bestätigen

7. Beide Flächen anwählen

8. VORSCHAU ⇒ FERTIGSTELLEN ⇒ ABBRECHEN

4.1.7 Verstärken der Fläche

Zur Erzeugung eines Volumenkörpers aus einer Fläche ist es notwendig, diese zu verstärken.

Dieses Feature befindet sich in der Pull-Down-Leiste bei HINZUFÜGEN.

1. Menüleiste HOME ⇒ Button
   VERSTÄRKEN

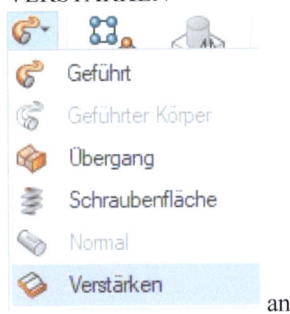
an-

klicken

2. Geführte Fläche selektieren

3. Dicke mit <3 mm> einstellen

4. Richtung nach unten festlegen
   und linke Maustaste drücken

5. FERTIGSTELLEN

6. ABBRECHEN

4.1.8 Einfügen der Bohrungen und Verrunden der Kanten

1. Bohrung auf xz-Ebene setzen

2. Drei Bohrungen erzeugen und
   bemaßen (mittig mit <50 mm>
   Abstand vom vorderen Rand und
   nebeneinander, wie in Grafik
   gezeigt)

3. Bohrungsdurchmesser <10 mm>

4. Bohrung zum Körper hin erzeugen

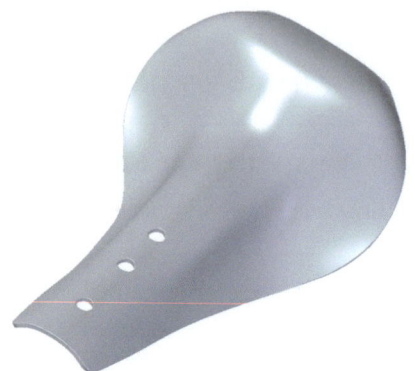

5. Kanten verrunden vorn und hinten senkrecht mit Rundungsradius <10 mm>

6. Kanten verrunden oben mit Rundungsradius <0,5 mm> (auch die Bohrungen)

7. Alle Kurven und Ebenen ausblenden

4.2 Modellieren eines Torus

Gesamtvorgehensweise:

- Erzeugen der Skizzen für Querschnittskreis und Führungskurve in drei separaten Skizzen

- Erzeugen einer geführten Ausprägung

- Erzeugen eines geführten Ausschnitts

4.2.1 Erzeugen der Skizzen

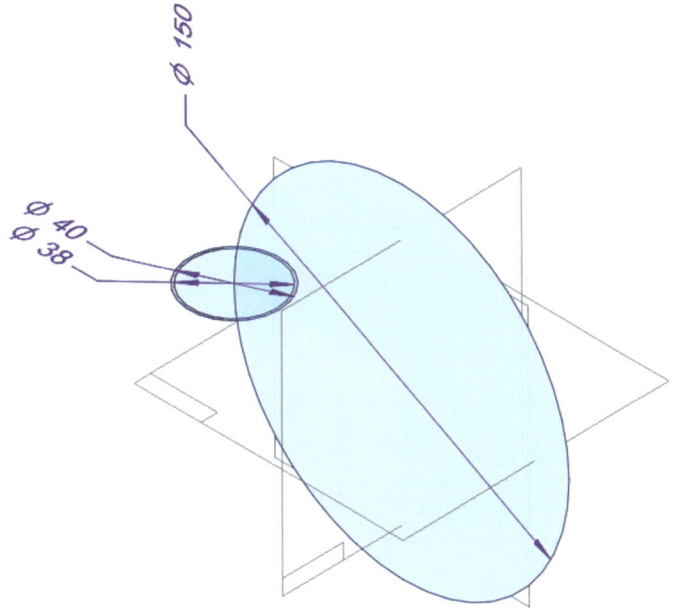

1. Auf eine der drei Referenzebenen Skizze mit einem Kreis <150 mm> erstellen
2. Neue Skizze auf senkrecht zum Kreis liegender Ebene mit Kreis <40 mm> mit Mittelpunkt auf Kreis aus Skizze

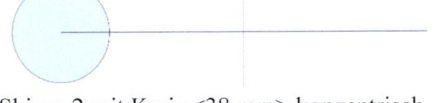

3. Dritte Skizze auf selber Ebene wie Skizze 2 mit Kreis <38 mm> konzentrisch zu Skizze 2

4.2.2 Erzeugen einer geführten Ausprägung

1. Menüleiste HOME ⇒ Gruppe VOLUMENKÖRPER ⇒ HINZUFÜGEN ⇒ GEFÜHRT
2. Auswahl siehe Darstellung (Radio-Button jeweils eingestellt auf EINZEL-NER PFAD UND QUERSCHNITT, bei Teilfläche zusammenfügen auf VOLLSTÄNDIG ZUSAMMENFÜGEN, Schnittausrichtung auf NORMAL)

3. OK drücken
4. Kreis <150 mm> als Führungskurve anklicken
5. Kreis <40 mm> anklicken
6. FERTIGSTELLEN ⇒ ABBRECHEN

4.2.3 Erzeugen eines geführten Ausschnitts

1. Menüleiste HOME ⇒ Gruppe VOLUMENKÖRPER ⇒ ENTFERNEN ⇒ GEFÜHRT
2. Gleiche Einstellungen wie in 4.2.2 benutzen ⇒ OK
3. Kreis <150 mm> als Führungskurve anklicken
4. Kreis <40 mm> anklicken
5. FERTIGSTELLEN ⇒ ABBRECHEN

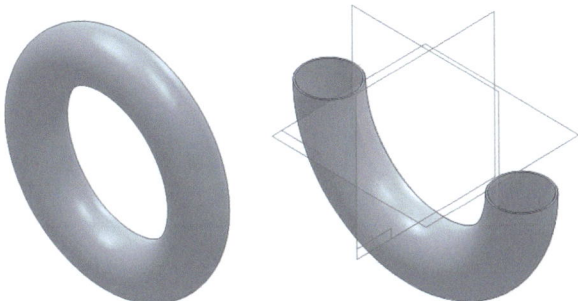

Hinweis: Da der Torus eine geschlossene Führungskurve hat, kann das Feature DÜNNWAND nicht angewendet werden. Soll dagegen ein Gartenschlauch modelliert werden, genügt eine geführte Ausprägung mit anschließender Nutzung des Features DÜNNWAND mit Anklicken der Anfangs- und Endfläche des erzeugten Volumenkörpers.

4.2.4 Alternativ: Erzeugen einer geführten Fläche

1. Vorherige geführte Ausprägung und geführter Ausschnitt mit rechter Maustaste unterdrücken
2. Dritte Skizze ausblenden
3. Menüleiste FLÄCHENMODELLIERUNG ⇒ Gruppe FLÄCHEN ⇒ GEFÜHRT
4. Gleiche Einstellungen wie in 4.2.2 benutzen ⇒ OK
5. Kreis <150 mm> als Führungskurve anklicken
6. Kreis <40 mm> anklicken
7. FERTIGSTELLEN ⇒ ABBRECHEN
8. Menüleiste HOME ⇒ Gruppe VOLUMENKÖRPER ⇒ unter Gruppe HINZUFÜGEN auf Button VERSTÄRKEN 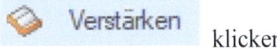 klicken
9. Fläche anklicken
10. Abstand <1 mm> bei OFFSET BESTIMMEN eingeben und mit RETURN bestätigen
11. Roter Pfeil im Modell nach innen und mit LMB bestätigen
12. FERTIGSTELLEN ⇒ ABBRECHEN

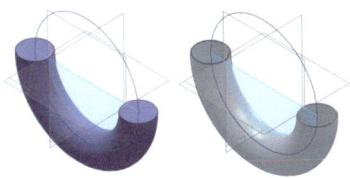

4.3 Modellieren eines Pokals

Gesamtvorgehensweise:

- Generieren von zwei parallelen Ebenen

- Erstellen von drei separaten Skizzen

- Generieren der Führungskurven (Eigenpunktkurven) zwischen den Skizzen

- Erzeugen der geführten Ausprägung mit einer Führungskurve

- Erzeugen der geführten Ausprägung mit zwei Führungskurven

- Erzeugen einer Ausprägung

4.3.1 Erzeugen von parallelen Ebenen und Skizzen

1. Parallele Ebene mit Abstand <50 mm> erzeugen

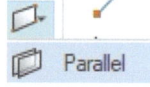

2. Zweite Ebene mit <70 mm> Abstand zur ersten parallel Ebene erzeugen

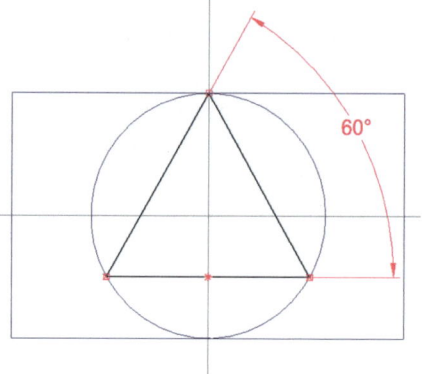

3. Auf der Basisebene eine Skizze mit einem Rechteck <30 mm x 50 mm> erstellen

4. Auf der zweiten Ebene eine Skizze mit einem Kreis mit Durchmesser <30 mm> erstellen

5. Auf der dritten Ebene ein gleichseitiges Dreieck als separate Skizze erstellen

Im folgenden ist der Zwischenstand der auf der Referenzebene und den zwei parallelen Ebenen befindlichen jeweiligen Skizze dargestellt:

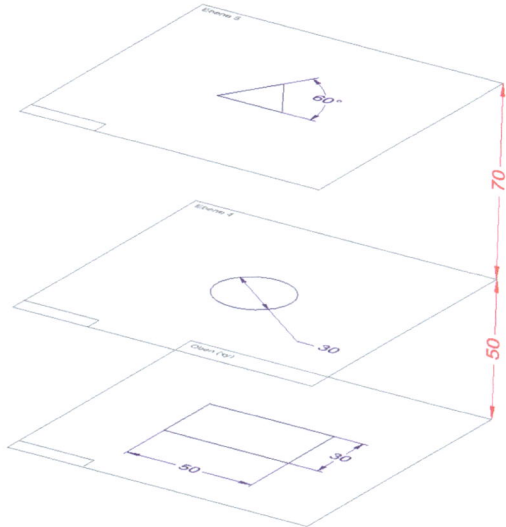

4.3.2 Erzeugen einer geführten Ausprägung mit einer Leitkurve

1. Die Führungskurve für die Extrusion besteht aus einer Eigenpunktkurve

   , hierzu zunächst eine Ecke des Rechtecks anklicken ⇒ als zweites einen Silhouettenpunkt des Kreises anwählen (hierzu den Punktefang auf Button SILHOUETTE 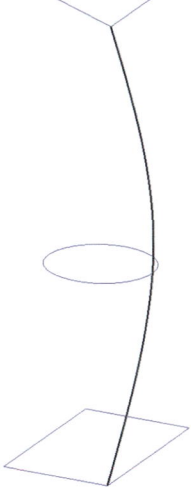 umstellen), schließlich den Punktefang wieder auf ALLE umstellen und einen Eckpunkt des Dreiecks anwählen ⇒ mit Haken ✅ bestätigen

2. Menüleiste HOME ⇒ Gruppe VOLUMENKÖRPER ⇒ HINZUFÜGEN ⇒ GEFÜHRT

3. Auswahl siehe Darstellung

4. OK

5. Zuerst die Führungskurve auswählen ⇒ Haken ✅ drücken ⇒ Button NÄCHSTE (muss immer gedrückt werden, wenn weniger als drei Führungskurven genutzt werden, Solid Edge wechselt nun zur Auswahl der Querschnitte)

6. Alle Profile (Querschnitte) nacheinander auswählen

   Hinweis: Darauf achten, dass die Anfangspunkte übereinander liegen, wie rechts dargestellt

7. Nach der Auswahl der drei Skizzen Haken ✅ drücken

8. VORSCHAU

9. FERTIGSTELLEN

10. ABBRECHEN

   Die Form der Ausprägung kann durch die Wahl des Anfangs- und Endpunktes beeinflusst werden.

   Zur Verdeutlichung soll das folgende Beispiel dienen:

11. Zunächst wird im PathFinder die Ausprägung unterdrückt, hierzu Rechtsklick auf

Radio-Button eingestellt jeweils auf MEHRERE PFADE UND QUERSCHNITTE, bei Teilfläche zusammenfügen auf VOLLSTÄNDIG ZUSAMMENFÜGEN und bei Schnittausrichtung auf NORMAL:

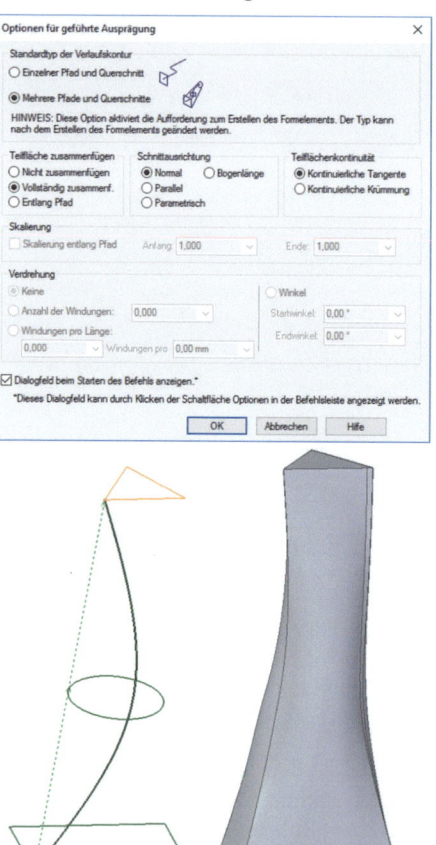

AUSPRÄGUNG 1 und

UNTERDRÜCKEN 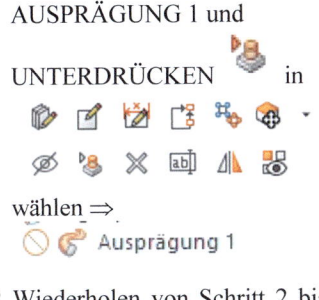 in

wählen ⇒

12. Wiederholen von Schritt 2 bis 10

13. (Bei Schritt 6 den Endpunkt anders wählen als zuvor)

14. Hiermit wird eine Verdrehung des Körpers beim Extrudieren erzeugt.

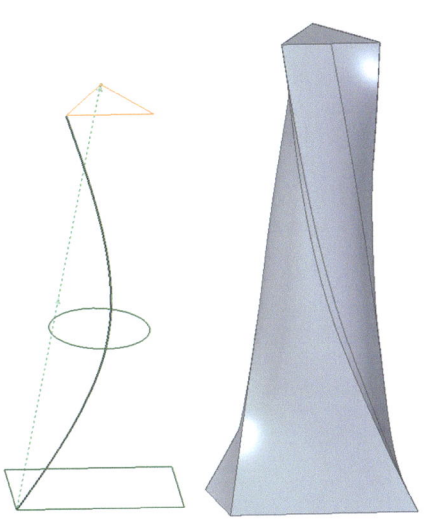

4.3.3 Erzeugen einer geführten Ausprägung mit zwei Leitkurven

Eine weitere Möglichkeit, das Ergebnis des geführten Körpers zu beeinflussen, besteht darin, mehr als eine Führungskurve für die Leitkurven zu verwenden.

1. Unterdrücken der zweiten Ausprägung

2. Erzeugen einer weiteren Führungskurve mit Hilfe der Funktion EIGENPUNKTKURVE (siehe Abbildung)

3. Erzeugen der Ausprägung wie im Abschnitt zuvor beschrieben. Bei den Führungskurven nach der ersten Kurve Haken drücken, nach der Wahl der zweiten Führungskurve auf NÄCHSTE klicken

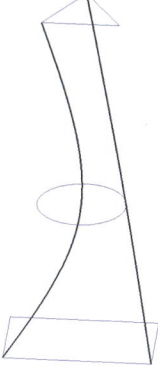

Hinweis: Durch unterschiedliche
Gestaltung der Führungskurven
und der Anfangs- und Endpunkte
kann die geführte Extrusion viele
verschiedene Körper abbilden, ohne die Ausgangsskizzen zu verändern.

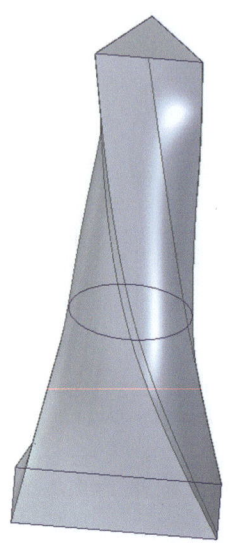

4.3.4 Erzeugen einer geführten Ausprägung ohne Leitkurven (Übergangsausprägung)

Solid Edge bietet auch die Möglichkeit, geführte Körper ohne Leitkurven zu erzeugen. Hierzu werden verschiedene Querschnitte benötigt, welche mit einer
Übergangsextrusion zu einem Volumenkörper verbunden werden.

1. Unterdrücken aller Ausprä-
   gungen und Ausblenden aller
   Ebenen und zuvor erstellten
   Führungskurven

2. Menüleiste HOME ⇒ Gruppe
   VOLUMENKÖRPER ⇒ HIN-
   ZUFÜGEN ⇒ ÜBERGANG

3. Alle drei Skizzen nacheinander anklicken, dabei auf die Lage der grünen ge-
   punkteten Linie achten. Auch hier kann das Ergebnis durch Variation des An-
   fangs- und Endpunktes beeinflusst werden.

Hinweis: Bei nicht geschlossenen Querschnitten muss immer erst eine Fläche erzeugt werden, bevor ein Volumenkörper erzeugt werden kann. Bei geschlossenen Querschnitten ist keine separate Fläche erforderlich.

4.4 Erzeugen einer Feder (Schraubenfläche)

1. Erzeugen einer separaten Skizze mit einer Linie und einem Kreis, wie rechts abgebildet

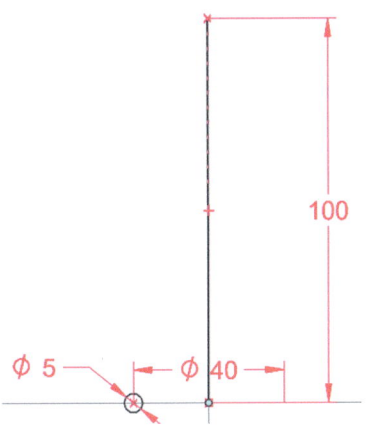

2. Menüleiste HOME ⇒ Gruppe VOLUMENKÖRPER ⇒ HINZU-FÜGEN ⇒ SCHRAUBEN-

FLÄCHE

3. KOINZIDENTE EBENE auf AUS SKIZZE WÄHLEN umstellen

4. Kreis anklicken ⇒ mit Haken bestätigen

5. Linie als Rotationsachse auswählen

6. Linie unten anklicken (der orangene Punkt definiert den Startpunkt der Schraubenfläche)

7. ACHSLÄNGE/STEIGUNG auf ACHSLÄNGE/WINDUNGEN umstellen und vier Windungen eingeben

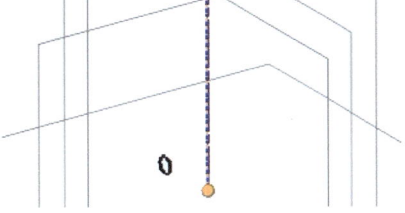

8. Auf den Button MEHR… klicken (hiermit kann die Gestaltung der Feder verändert werden)

9. Einstellungen: Anzahl Windungen <4>, Radio-Button auf LINKS-DREHUNG, Winkel <10 Grad>, Radio-Button auf NACH AUßEN, Steigungsverhältnis <0,4> ⇒ OK

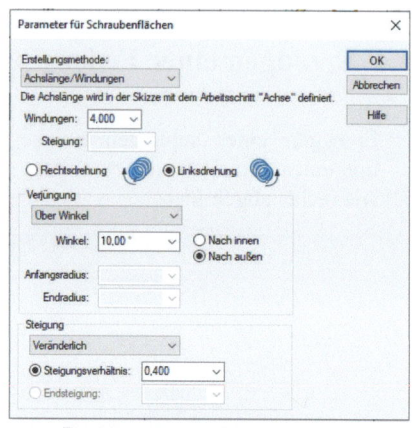

10. Button NÄCHSTE in der Formatierungsleiste

11. VORSCHAU

12. FERTIGSTELLEN

Um die Enden der Feder zu trimmen, ist eine parallele Ebene erforderlich, die im Abstand der Achslänge zur Basisreferenzebene liegt:

13. Erzeugen der Parallelebene (es kann der Mittelpunkt des Drahtes der Feder verwendet werden, so passt sich die Ebene immer an die Feder an)

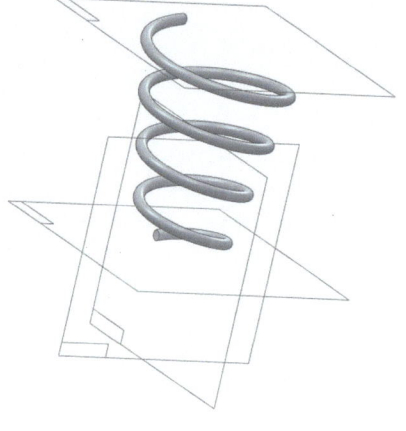

14. Menüleiste HOME ⇒ Gruppe VOLUMENKÖRPER ⇒ KÖRPER HINZUFÜGEN ⇒ SUBTRAKTION

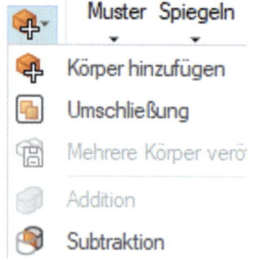

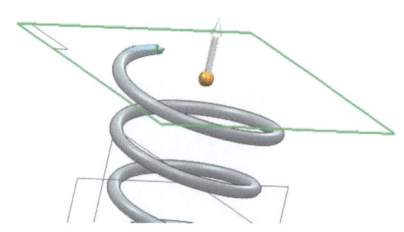

15. Feder auswählen ⇒ mit Haken  bestätigen

16. Parallele Ebene anklicken

17. Gegebenenfalls Subtraktionsrich-

tung anpassen durch einmaligem Linksklick auf den Pfeil ⇒ mit

Haken bestätigen

18. FERTIGSTELLEN

19. Subtraktion an Basisreferenzebene wiederholen

20. ABBRECHEN

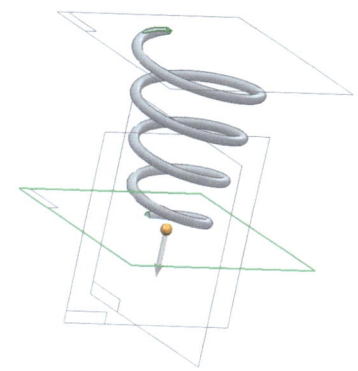

4.5 Zusammenbau einer Federbaugruppe

Solid Edge ist in der Lage, Baugruppen zu erzeugen, die sowohl aus klassisch extrudierten Körpern, Blechteilen als auch aus geführten Körpern bestehen.

Für die Baugruppe wird noch ein einfaches Blechteil benötigt. Dieses Blech ist eine einfache Lasche, bestehend aus einem Kreis mit <100 mm> Durchmesser und einer Blechstärke von <1 mm>. Alles weitere zur Blechteilmodellierung wurde bereits in Kapitel 2 näher erläutert.

Die Grundlagen der Baugruppenerstellung sind in dem Einsteigerbuch [Scha-2025] beschrieben.

4.5.1 Erstellen des Blechteils

1. Neues DIN Metrisches Blechteil öffnen und unter <Blech.psm> abspeichern

2. Button LASCHE Lasche

3. Waagerechte Referenzebene wählen ⇒ Skizzenfenster öffnet sich

4. Erzeugen eines Kreises mit <100 mm> Durchmesser ⇒ SKIZZE SCHLIEßEN

5. Stärke <1 mm> eingegeben

6. Extrusionsrichtung bestimmen

7. FERTIGSTELLEN ⇒ ABBRECHEN

4.5.2 Einfügen des Blechteils

1. TEILBIBLIOTHEK  anklicken

2. Pfad einstellen zum Speicherort der
   Feder und des Blechs

3. <"Blech"> auswählen ⇒ in den
   Arbeitsbereich ziehen

4.5.3 Einfügen der Feder

1. TEILBIBLIOTHEK anklicken

2. <"Feder"> Doppelklick mit linker Maustaste ⊡ oder in den Arbeitsbereich
   hinüberziehen

3. Button AN-/AUFSETZEN ▶◀

4. Passende Trimmfläche der Feder selektieren

5. Obere Stirnfläche des Blechteils selektieren

6. Button AUSWÄHLEN   , um keine weitere Zusammenbaubezie-
   hung zu vergeben

7. Einblenden der (lokalen) Referenzebenen der Feder durch Anklicken der Feder im PathFinder mit rechter Maustaste ⊡ ⇒ KOMPONENTE EIN-/
   AUSBLENDEN ⇒ REFERENZEBENEN auf <Ein> ⇒ OK

8. (Lokale) Referenzebenen des Blechteils dazu einblenden

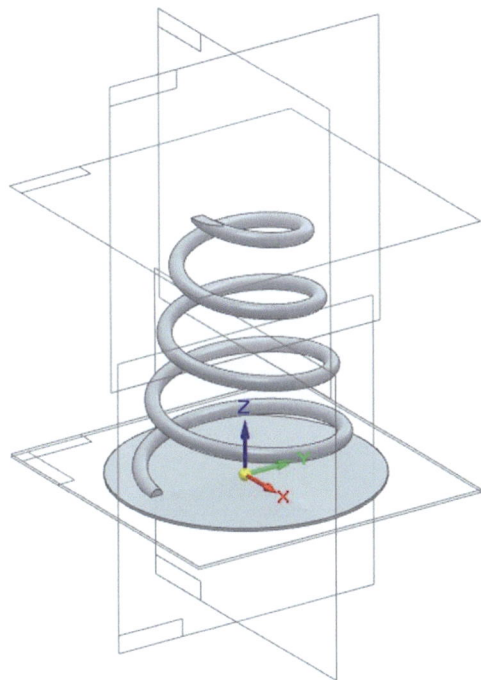

9. Im PathFinder Feder anklicken ⇒ Button DEFINITION BEARBEITEN

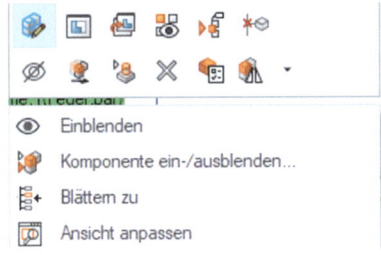

10. Button PLANAR AUSRICHTEN

11. Ebenen gemäß dem Beispiel der Hebelunterbaugruppe im Einsteigerbuch [Scha-2025] - Kapitel 5 zueinander planar ausrichten, bis die Feder vollständig bestimmt ist

12. Referenzebenen der Feder und des Blechteils über KOMPONENTE EIN-/ AUSBLENDEN ausblenden

4.5.4 Einfügen des zweiten Blechteils

1. TEILBIBLIOTHEK 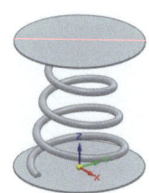 anklicken

2. <"Blech"> Doppelklick oder in den Arbeitsbereich hinüberziehen

3. Button AN-/AUFSETZEN

4. Planare Fläche des Blechs auf die zweite Trimmfläche der Feder legen

5. Axial ausrichten zum ersten Blech und anschließend Rotation sperren

6. Baugruppe unter <"Sprunghilfe"> speichern

4.6 Kontrollfragen

1. Weshalb ist darauf zu achten, dass die Anfangspunkte der Polygone der geführten Fläche ausschließlich am äußeren Rand auf der gleichen Seite selektiert werden müssen? Was würde theoretisch mit der Fläche passieren, wenn
man dies nicht einhält?

2. Kann man auch andere Punkte als Polygone der geführten Fläche auswählen
und wenn ja, worauf ist dabei zu achten?

3. Was versteht man unter Pfad und Querschnitt?

4. Wie viele Führungskurven können maximal für eine geführte Fläche erzeugt
werden?

5. Mit welchem anderen Formelement sollte die geführte Fläche nicht verwech-
selt werden, auch wenn der Dialog der Vorgehensweise völlig identisch ist?

6. Welche Vorgehensweisen zum Erzeugen eines Volumenkörpers können gewählt werden, wenn auf der ersten Ebene ein Rechteck (1. Querschnitt), auf
der zweiten Ebene (parallel zur ersten mit 50 mm Abstand) ein Kreis (2.
Querschnitt) und auf der dritten Ebene (parallel zur zweiten mit 50 mm Abstand) sich wieder ein Rechteck (3. Querschnitt) befindet?

7. Welche Möglichkeiten zum Modellieren eines Wasserschlauchs mit Durchmesser 4 mm, einer beliebigen Länge und einer Wandstärke von 2 mm gibt
es?

5 Rohrerstellung (XpresRoute)

Mit Hilfe der Funktion XPRESROUTE soll im Folgenden die Siloanlage aus Kapitel 3 mit Rohren verbunden werden.

Hierzu wird zunächst die automatische Rohrpfaderstellung verwendet. Weitere Rohre werden mit der manuellen Rohrpfaderzeugung erstellt. Bei der Rohrerstellung wird immer erst ein Pfad definiert, über diesen Pfad wird dann das Rohr erzeugt.

5.1 Erstellen von Rohren mittels automatischer Rohrpfaderstellung

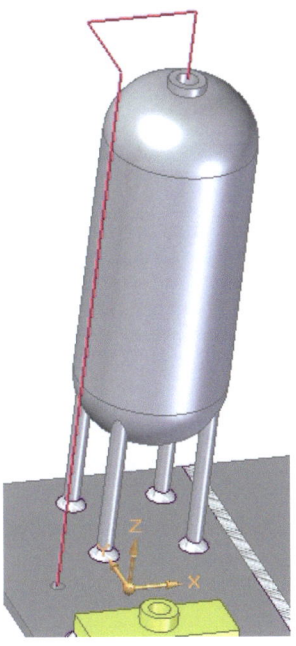

1. Menüleiste EXTRAS ⇒ Gruppe UMGEBUNGEN ⇒ XPRESROUTE

2. Gruppe 3D-ZEICHNEN ⇒ Button

   ROUTINGPFAD ^Routingpfad ⇒ Anfangspunkt Bohrung in Basisblech1 und Endpunkt Silo anklicken

3. Button ⇒ Nächster in der Formatierungsleiste drücken, bis gewünschte Rohrdarstellung dargestellt wird

4. START/END-SEGMENTLÄNGE auf <20 mm> einstellen

5. Haken Akzeptieren drücken

6. 3D-Skizze schließen

7. Gruppe   VERROHRUNG   ⇒   Button   ROHR-/SCHLAUCHLEITUNG

Rohr-/Schlauchleitung ⇒ Einstellungen: Dateiname: <Rohr1>, bei äußerem Durchmesser Haken bei Standardwert verwenden entfernen und als Wert <6,00 mm>
eintragen:

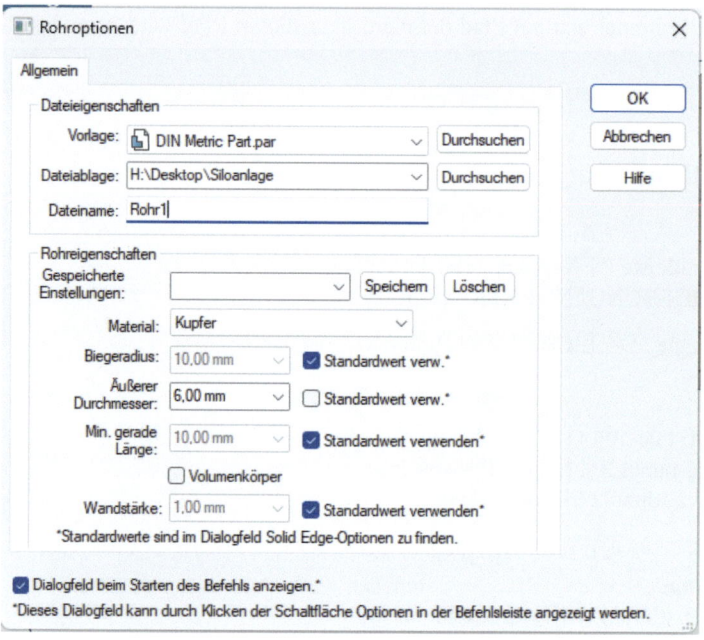

8. OK ⇒ Rohrpfad anklicken ⇒ in der Formatierungsleiste Haken ☑ klicken
⇒ in der Formatierungsleiste auf ◢ Endbehandlung bestimmen klicken ⇒ bei
ENDE 1 🔩 <3 mm> eintragen, damit das Rohr in das Basisblech hineinragt
⇒ bei ENDE 2 auf Button ROHR-ENDBEHANDLUNGSOPTION 🔩 klicken ⇒ Dialogfeld wie dargestellt einstellen:

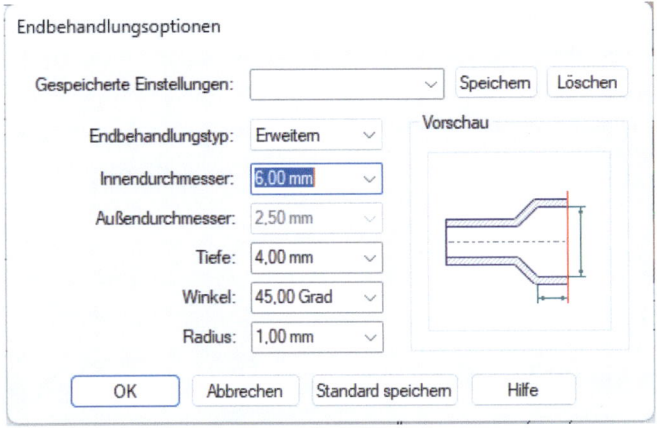

9. OK ⇒ VORSCHAU ⇒ FERTIG STELLEN ⇒ ABBRECHEN ⇒Nochmals ABBRECHEN

5.2 Erstellen von Rohren mittels manueller Rohrpfaderstellung

1. Rohr1 im PathFinder ausblenden

2. Gruppe 3D-ZEICHNEN ⇒ Button

   3D-LINIE

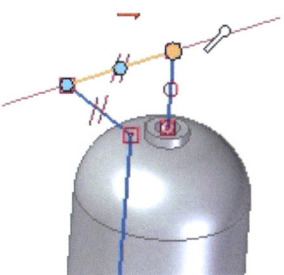

3. Auf rötlich erscheinende X-Achse des erscheinenden Koordinatensystems klicken

4. Als Startpunkt der Linie den Endpunkt der bestehenden Linie wählen (In der Abbildung orange dargestellt)

5. Als Endpunkt den Bohrungsmittelpunkt des dritten Silos anklicken

6. Zur Erzeugung der senkrechten Linie auf blaue Z-Achse klicken und den Bohrungsmittelpunkt anklicken

7. Button AUSWÄHLEN zum Unterbrechen der Linienkontur

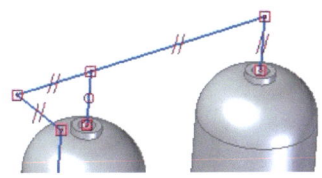

8. Button 3D-Linie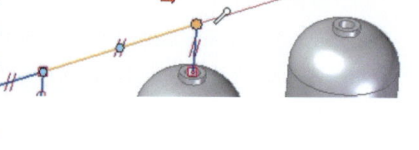

9. X-Achse anklicken, den dargestellten Punkt anklicken, Linie ziehen und den Bohrungsmittelpunkt des dritten Silos anklicken

10. Z-Achse anklicken und Linie zum Bohrungsmittelpunkt des dritten Silos ziehen

11. 3D-Skizze schließen

12. Gruppe VERROHRUNG ⇒ ROHR-/

SCHLAUCHLEITUNG Rohr-/Schlauchleitung ⇒ Einstellungen wie zuvor ⇒ OK ⇒ Rohrpfad anklicken ⇒ Button ENDBEHANDLUNG BESTIMMEN

◢ Endbehandlung bestimmen ⇒ bei ENDE 1 <10 mm> eintragen, damit das Rohr2 in Rohr1 hinein ragt ⇒ VORSCHAU

13. FERTIG STELLEN

14. Rohr3 analog zu Rohr2 erzeugen (es müssen keine Endbedingungen definiert werden)

15. FERTIG STELLEN

16. ABBRECHEN

17. Nochmals ABBRECHEN

18. Rohr1 wieder einblenden

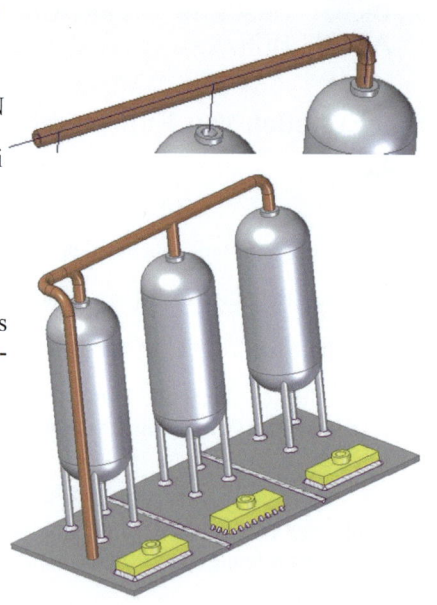

5.3 Erstellen der restlichen Rohre

Die restlichen Rohre 4-6 können mit einem automatischen Rohrpfad analog Abschnitt 5.1 erstellt werden. Bei der Erstellung der Rohrpfade sollte die START/END-SEGMENTLÄNGE auf <8 mm> umgestellt werden.

Der Biegeradius und äußere Durchmesser sollte in den Rohroptionen mit <6 mm> definiert werden, die minimale gerade Länge <8 mm>. XPRESROUTE kann nun

XpresRoute
schließen

geschlossen werden ⇒ Button XPRESSROUTE SCHLIEßEN   zur Rückkehr in die Zusammenbauumgebung drücken.

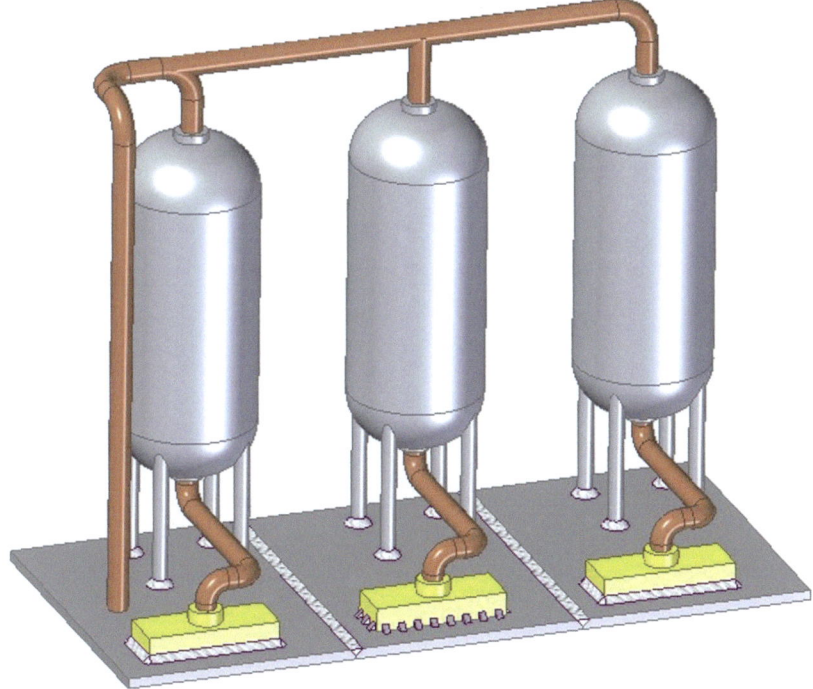

Hinweis: Die Liniensegmente, die mit dem Button 3D-LINIE erstellt werden, können ebenso mit dem Button SMART DIMENSION manuell bemaßt werden.

5.4 Kontrollfragen

1. Welche Optionen bietet Solid Edge, Rohre mit XpresRoute zu erstellen?

2. Welche Vorteile bieten die einzelnen Möglichkeiten?

3. Mit welchen Möglichkeiten kann der Rohrpfad beeinflusst werden?

4. Haben mit XpresRoute erstellte Rohre immer einen konstanten Querschnitt?

5. Worauf ist bei Baugruppen, in denen XpresRoute verwendet wird, zu achten?

6 Kabelbaumerstellung (Harness Design)

Mit Hilfe der Funktion HARNESS DESIGN soll in diesem Kapitel anhand eines einfachen Beispiels gezeigt werden, wie ein Kabelbaum in Solid Edge erzeugt wird.

Gesamtvorgehensweise:

- Modellieren der Stecker und Anschlüsse

- Einfügen des Bauteils in eine Baugruppe

- Erstellen eines Drahtes

- Erstellen eines Kabels

- Erstellen eines Bündels

- Physikalische Darstellung der Elemente

6.1 Konstruktion der Cinch-Anschlüsse

Als Beispiel für das Arbeiten mit Harness Design soll ein Cinch-Kabel dienen. Kabel sowie Kabelbäume können nur in einer Baugruppe erstellt werden. Um die Konstruktion zu vereinfachen, werden die benötigten Anschlüsse in einer einzigen Part-Datei erzeugt (Technische Zeichnung auf der nächsten Seite) und schließlich in einer neuen DIN Metrischen Baugruppe eingefügt. Die Anschlüsse können selbstständig frei modelliert werden.

© Der/die Autor(en), exklusiv lizenziert an
Springer Fachmedien Wiesbaden GmbH, ein Teil von Springer Nature 2026
M. Schabacker, *Solid Edge 2025 für Fortgeschrittene – kurz und bündig*,
https://doi.org/10.1007/978-3-658-49845-0_6

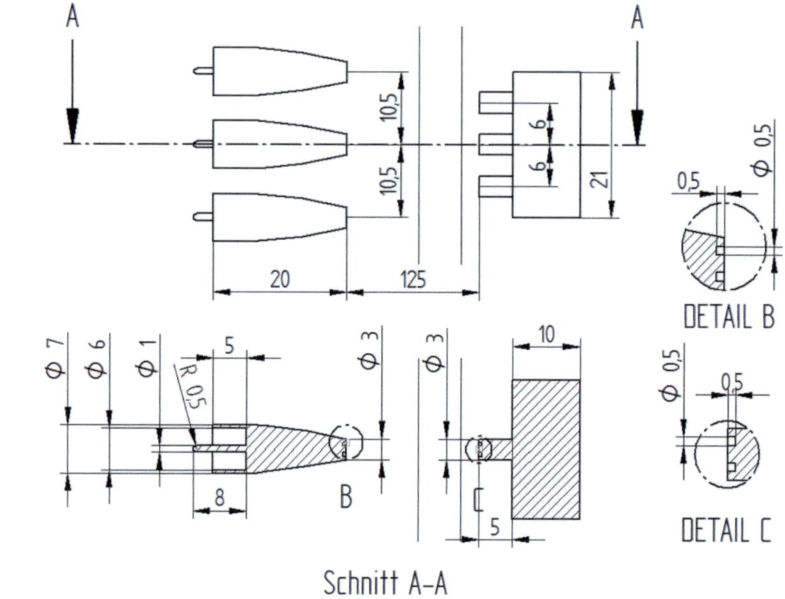

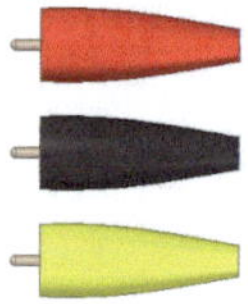

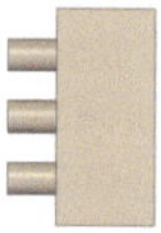

DETAIL B

DETAIL C

Schnitt A-A

6.2 Erstellen eines Drahtes

1. Den erzeugten Stecker in eine Baugruppe einfügen und als <Cinch-Kabel.asm> abspeichern

2. Menüleiste EXTRAS ⇒ Gruppe UMGEBUNGEN ⇒ Button VERKABELUNG ⬛ Verkabelung (Solid Edge wechselt in die Kabelbaumkonstruktion)

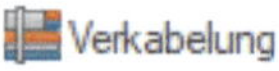

3. Gruppe VERKABELUNG ⇒ Button

Suchfilter

Zylindrische Teilflächen

Mittel- und Endpunkt

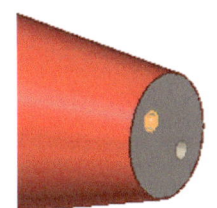

DRAHT Draht

4. In der Formatierungsleiste bei PUNKTE AUSWÄHLEN ▲ Punkte auswählen den Button SUCHFILTER auf MITTEL- UND ENDPUNKT umstellen

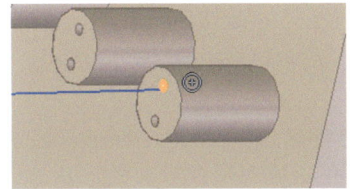

5. Die erste kleine Bohrung des roten Steckers anwählen (ggf. das blaue Koordinatensystem zur Seite schieben)

6. Die kleine Bohrung auf der gegenüberliegenden Seite auswählen ⇒ mit

Haken ✅ bestätigen

7. In der Formatierungsleiste bei PFAD BESTIMMEN ▲ Pfad bestimmen Button PFADTANGENTIALITÄT ⟳ drücken

8. Die Vorzeichen der Endbedingung mit Bestätigung durch ENTER-Taste so anpassen, dass beide roten Punkte auf der blauen Linie liegen ⇒ mit Haken ✅ bestätigen

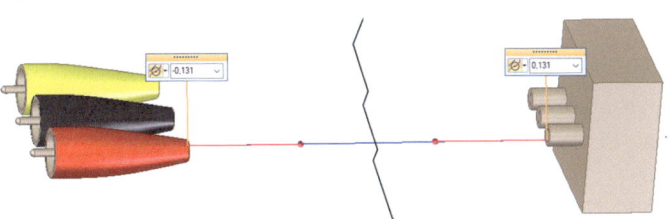

9. Drahtmaterial <0,1 MM2 KUPFERDRAHT ROT> auswählen ⇒ VORSCHAU ⇒ FERTIG STELLEN

10. Wiederholen der Schritte 3 – 9 für die anderen fünf Drähte, hierzu jeweils eine andere Bohrung als Start- und Endpunkt verwenden, die Drahtfarbe kann unterschiedlich gewählt werden

11. ABBRECHEN

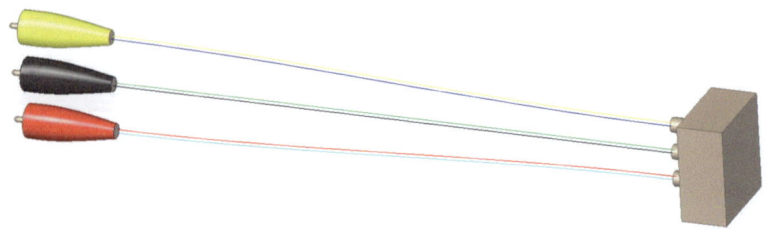

6.3 Erstellen eines Kabels

1. Einblenden der Referenzebenen zum Erstellen einer separaten Skizze für den Führungspfad des Kabels

2. Menüleiste HOME ⇒ SKIZZE ⇒ Erstellen der folgenden Skizze:

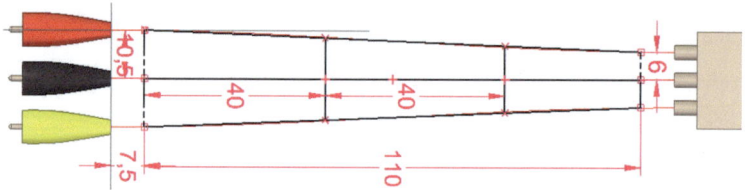

3. Ausblenden der Referenzebenen

4. Gruppe VERKABELUNG ⇒ Button
   KABEL

5. Beide Drähte am roten Stecker aus-
   wählen ⇒ mit Haken  bestätigen

6. IN PUNKTE AUSWÄHLEN den Button SUCHFILTER auf ALLE
   EIGENPUNKTE 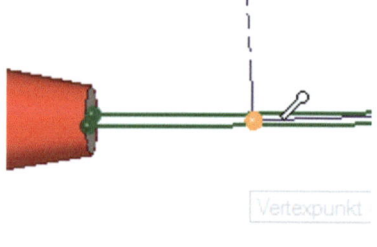 umstellen

7. Eckpunkt der Skizze am nächsten zum roten Stecker auswählen (siehe rechts oberes Bild) ⇒ Eckpunkt am anderen Ende der Skizze auswählen (siehe rechts unteres Bild) ⇒mit Haken 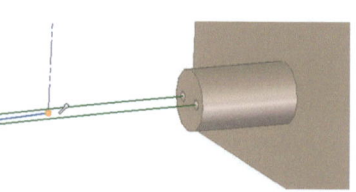 bestätigen

8. In PFAD BESTIMMEN ⇒ Button

   PFADTANGENTIALITÄT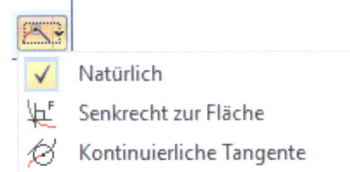

9. Endbedingungen auf NATÜRLICH

   ggf. umstellen ⇒ mit Haken ☑
   bestätigen

10. Kabel Material <2x0,2 MM2 KUPFERDRAHT WEISS> auswählen

11. VORSCHAU ⇒ FERTIG STELLEN

12. Wiederholen von Schritt 5-11 für die restlichen beiden Stecker

13. ABBRECHEN

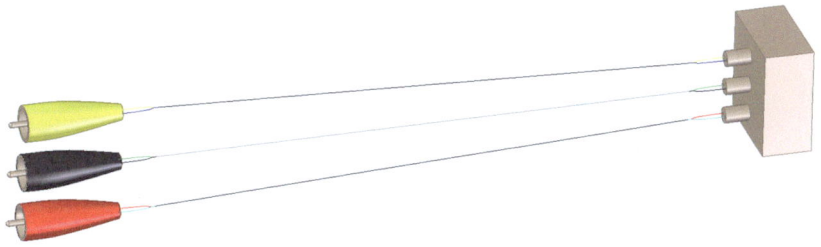

6.4 Erstellen eines Bündels

1. Gruppe VERKABELUNG ⇒ Button BÜNDEL 🖋 Bündel

2. Alle Kabel auswählen ⇒ mit Haken ☑ bestätigen

3. In der Skizze den Schnittpunkt der zweiten senkrechten und der waagerechten

   Linie auswählen ⇒ Schnittpunkt rechts genauso auswählen ⇒ mit Haken ☑
   bestätigen

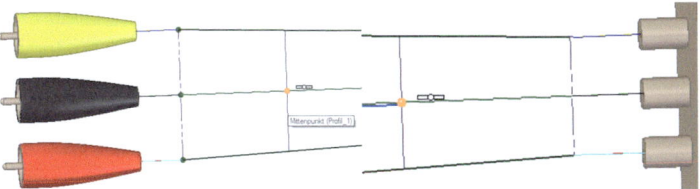

4. In PFAD BESTIMMEN ⇒ Button PFADTANGENTIALITÄT

5. Endbedingungen ggf. auf NATÜRLICH umstellen

6. Bündel Material <1/4-ZOLL FLEXIBLE KUNSTSTOFFHÜLLE SCHWARZ> auswählen

7. VORSCHAU ⇒ FERTIG STELLEN ⇒ ABBRECHEN

   Hinweis: Der Kabelbaum kann auch *physikalisch* dargestellt werden.

   Hierzu im PathFinder mit der Maustaste jeweils auf DRÄHTE, KABEL und BÜNDEL ⣿ drücken

8. Button VERKABELUNG SCHLIEẞEN Verkabelung schließen zur Rückkehr in die Zusammenbauumgebung drücken

6.5 Kontrollfragen

1. Woraus besteht ein vollständiger Kabelbaum in Solid Edge?

2. Wie viele Anschlüsse werden an einem Bauteil benötigt, um ein Kabel bestehend aus zwei Drähten zu erzeugen?

3. Wozu dient die physikalische Darstellung von Kabeln in Solid Edge und wie wird diese aktiviert?

4. Worauf ist beim Erstellen eines Pfades für einen Draht besonders zu achten?

5. Mit welcher Funktion lassen sich Pfade in Harness Design besonders ordentlich gestalten?

7 Parametrisierung von Einzelteilen

Dieses Kapitel widmet sich der Parametrisierung von Einzelteilen als Vorstufe zu Teilefamilien (→ Kapitel 8), die bei der Variantenkonstruktion bei der Erstellung von Baureihen eine große Rolle spielen. Die Parametrisierung umfasst die Änderung der Gestalt und Abmessungen eines Einzelteils.

Ein Einzelteil kann mehrere Parameter enthalten. Aus diesem Grund ist es wichtig, vor Beginn der Modellierung die Vergabe der Parameter und deren Verknüpfungen zu planen. Dabei sollten, soweit möglich, spätere Änderungen am Modell mit berücksichtigt werden, vor allem bei einer Vollparametrisierung [VWZH-2018].

Vor Beginn einer parametrischen Modellierung sollte entschieden werden, ob eine vollständige Parametrisierung des Modells bereits am Anfang überhaupt sinnvoll ist. Oft genügt es, nur das *Grundgerüst* eines Modells zu parametrisieren. Bei den meisten CAD-Systemen wie z. B. Solid Edge können Details später bei Bedarf nachparametrisiert werden [VWZH-2018].

Die Parameterstruktur muss gut geplant werden [VWZH-2018]:

- Welche Parameter werden für die Beschreibung des Modells unbedingt benötigt?
- Welche Parameter sind voneinander abhängig und wie können die Verknüpfungen realisiert werden?

Die Parameterstruktur sollte so einfach wie möglich gehalten werden. Tiefe Verschachtelungen sind fehleranfällig, schwer zu überblicken und kosten Rechenleistung [VWZH-2018].

In Solid Edge beginnt das Erzeugen eines parametrischen Modells nach Auswahl einer Referenzebene in der Skizzenumgebung. Bei der Erstellung der einzelnen Konturen der Skizze muss darauf geachtet werden, dass diese sinnvoll bemaßt werden können, damit alle Maße später verschiedenen Parametern zugeordnet werden können.

Soll z. B. bei einer Rotation ein Durchmesser verwendet werden, welcher später mit einem Parameter gesteuert werden soll, ist ein Rotationsdurchmesser (in Solid Edge SYMMETRISCHER DURCHMESSER) als Bemaßungsgrundlage auszuwählen.

Ebenso muss bei den eingesetzten Features vor der Erstellung überlegt werden, wie das Modell nachher aussehen soll. Besitzt der Körper eine Fase, die abhängig von anderen Maßen ist oder ausgeblendet werden soll, muss diese als separates Feature in das Modell eingefügt werden und nicht direkt in der Grundskizze vorgesehen werden.

© Der/die Autor(en), exklusiv lizenziert an
Springer Fachmedien Wiesbaden GmbH, ein Teil von Springer Nature 2026
M. Schabacker, *Solid Edge 2025 für Fortgeschrittene – kurz und bündig*,
https://doi.org/10.1007/978-3-658-49845-0_7

In Baugruppen können Variablen einzelner Komponenten auch miteinander ver-knüpft werden. So können Bohrungsmuster von z. B. zwei Flanschen verknüpft werden. Wird in dem Ausgangsflansch die Anzahl der Bohrungen verändert, so passt sich das Gegenstück automatisch an.

Im Folgenden wird die Vorgehensweise der Parameterzuweisung in Solid Edge anhand zweier einfacher Beispiele gezeigt.

7.1 Grundlegende Parametrisierung einer Hülse

1. Modellieren der Hülse analog der Technischen Zeichnung aus [Scha-2025], Kapitel 2:

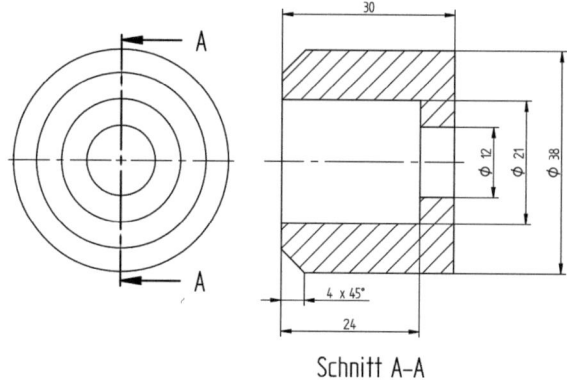

Schnitt A–A

2. Menüleiste EXTRAS ⇒ Gruppe VARIABLEN ⇒ VARIABLEN ▦ Variablen

3. Das Fenster so verschieben, dass die Hülse und die Variablentabelle nebenein-ander sichtbar sind

4. Mauszeiger über einen Variablenwert führen, so dass dieser im Arbeitsbereich angezeigt wird

5. Umbenennen des Variablennamens <V459> mit dem Wert <38,00> zu <"Au-ßendurchmesser">

   Hinweis: Statt <V459> kann auch, wie in den folgenden Schritten, eine andere Variablennummer stehen, daher zuerst auf den passenden Variablenwert schau-en. Daher ist es wichtig, während der Bemaßung gleich den Variablennamen zu ändern, in dem man auf das Maß einen Doppelklick macht und in der Befehls-leiste den Variablennamen ändert.

6. Umbenennen des Namens <V449> mit dem Wert <30,00> zu <"Länge">

7. In der sechsten Spalte unter FORMEL kann nun die Länge mit dem Außendurchmesser verknüpft werden ⇒ in der Zeile LÄNGE wird unter FORMEL <Außendurchmesser-8> eingetragen:

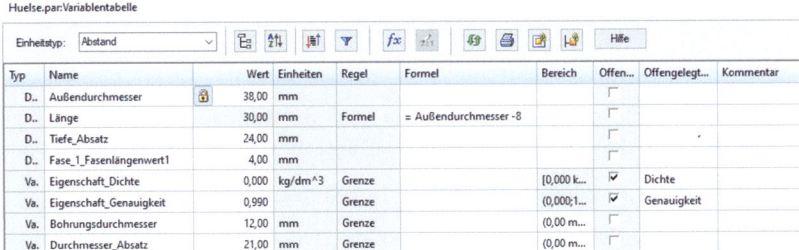

8. Wird der Außendurchmesser z. B. auf <58 mm> geändert, ändert sich die Länge der Hülse automatisch zu <50 mm>.

9. Rechtsklick auf der Spaltenüberschrift NAME ⇒ SORTIEREN ⇒ AUFSTEIGEND

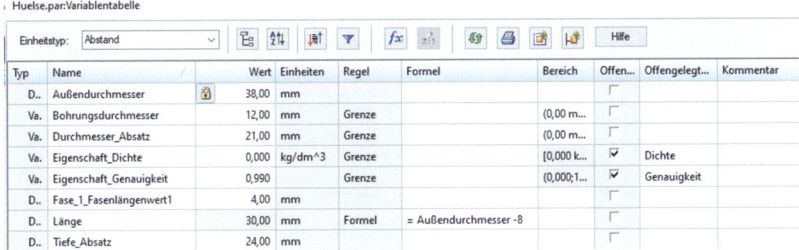

10. Variablentabelle schließen

7.2 Parametrisierung einer Hülse mit Unterdrückungsvariable

Solid Edge verfügt über die Option, mit Unterdrückungsvariablen Features parametergesteuert frei zu geben und zu unterdrücken. Ziel ist es, hier die Fase immer dann zu unterdrücken, wenn die Differenz zwischen Außendurchmesser und dem Durchmesser des Absatzes kleiner 8 ist.

1. Rechtsklick auf FASE 1 im PathFinder ⇒ UNTERDRÜCKUNGSVARIABLE HINZUFÜGEN

2. Menüleiste EXTRAS ⇒ Gruppe VARIABLEN ⇒ VARIABLEN

3. Hier ist nun die Variable FASE_1_UNTERDRÜCKEN zu finden ⇒ Wert auf 1 setzen ⇒ Fase ist unterdrückt

   Hinweis: Feature unterdrückt mit Wert = 1, Feature freigegeben mit Wert = 0

4. Eintragen folgender Formel in der Zeile FASE_1_UNTERDRÜCKEN:

   $$= (-1) * (\text{Außendurchmesser} - \text{Durchmesser\_Absatz} <= 8)$$

   Hinweis: Seit Solid Edge 2022 kann auch der normale Excel-Syntax benutzt werden: = IF (Außendurchmesser − Durchmesser_Absatz <= 8,1,0) oder

   $$= \text{IF (Außendurchmesser} - \text{Durchmesser\_Absatz} <= 8; 1; 0)$$

5. Formel in der Zeile LÄNGE wieder löschen

6. Auswirkung der Unterdrückungsvariable mit verschiedenen Außendurchmessern ausprobieren

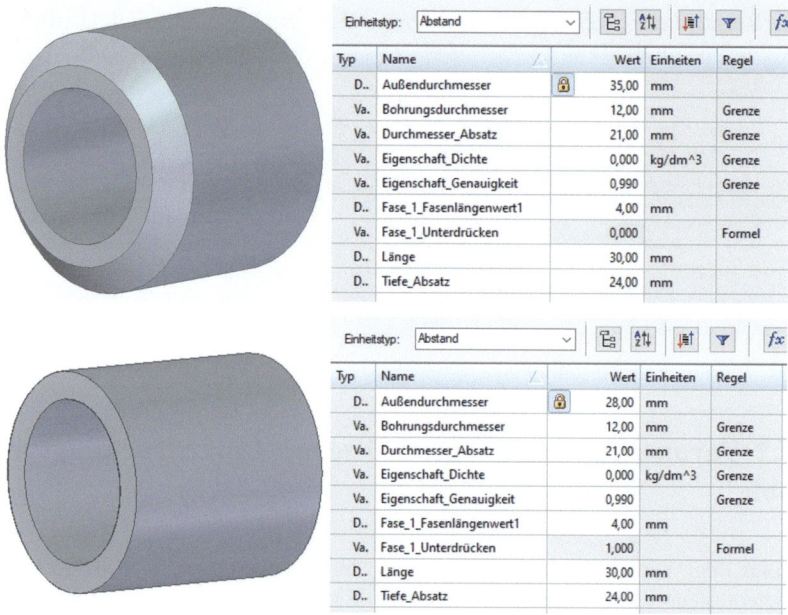

Bei neuen Variablen, die z. B. die Bezeichnung einer Baureihe tragen, muss darauf geachtet werden, dass der verwendete TYP in der ersten Spalte der Variablentabelle richtig eingestellt ist.

7.3 Verknüpfung von Parametern in einer Baugruppe

Im Folgenden soll die Anzahl der Musterbohrungen in dem Basisblech von der Siloanlage mit der Musteranzahl der Füße im Silo verknüpft werden.

1. Öffnen der Baugruppe <Siloanlage.asm>

2. Doppelklick auf <Basisblech1> im PathFinder

3. Menüleiste EXTRAS ⇒ Gruppe VARIABLEN ⇒ Button PEER-
   VARIABLEN Peer-Variablen ⇒ Button PEER-VARIABLEN- AKTUELLES

   MODELL ⬛ ⇒ Rechtsklick auf die Zeile <V731> (die einzige Variable
   ohne Einheit und mit dem Wert <4,000>) ⇒ VERKNÜPFUNG KOPIEREN ⇒

   ❌

   Variablentabelle verlassen ⇒ Button SCHLIEßEN UND ZURÜCK Schließen und zurück ▾

   Alternativ: Menüleiste EXTRAS ⇒ Gruppe VARIABLEN ⇒ Button

   VARIABLEN 🔲 Variablen ⇒ Rechtsklick auf die Zeile <V731> ⇒
   VERKNÜPFUNG KOPIEREN ⇒ Variablentabelle verlassen ⇒ SCHLIEßEN
   UND ZURÜCK

Var	Minimale	Sortieren	0,10
Var	Abweich(	Verknüpfungen bearbeiten	0,10
Var	Abwicklu	Verknüpfung kopieren	0,00
Var	Abwicklu	Verknüpfung einfügen	0,00
Var	Bohrung.	Filter	4,00
Var	V731	Variablenregeleditor	4,000

4. Doppelklick auf <Basisblech2> im PathFinder

5. Menüleiste EXTRAS ⇒ Gruppe VARIABLEN ⇒ Button PEER-
   VARIABLEN Peer-Variablen ⇒ Button PEER-VARIABLEN- AKTUELLES

   MODELL ⬛ ⇒ Rechtsklick auf die Zeile <V731> (die einzige Variable
   ohne Einheit und mit dem Wert <4,000>) ⇒ VERKNÜPFUNG EINFÜGEN ⇒

   ❌

   Variablentabelle verlassen ⇒ Button SCHLIEßEN UND ZURÜCK Schließen und zurück ▾

Alternativ: Menüleiste EXTRAS ⇒ Gruppe VARIABLEN ⇒ Button VARIABLEN [⊞ Variablen] ⇒ Rechtsklick auf die Zeile <V731> ⇒ VERKNÜPFUNG EINFÜGEN ⇒ Variablentabelle verlassen ⇒ SCHLIEßEN UND ZURÜCK

6. Wiederholen von Schritt 4 für <Basisblech3> und <Silo>

7. Ändern der Musteranzahl in <Basisblech1> auf <7> ⇒ es passt sich nun die Musteranzahl des Silos und der anderen Basisbleche an

8. Zusammenbaubedingte Fehler bei der Ausrichtung manuell reparieren

9. Fehlende Schweißnähte ergänzen

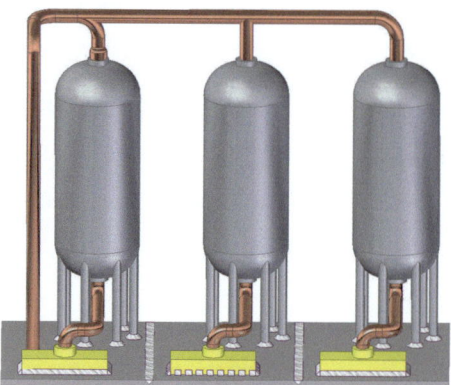

7.4 Kontrollfragen

1. Wozu dient die Verwendung von Parametern bei einer Konstruktion?

2. Wo werden die Variablen verwaltet?

3. Wie können zwei Variablen in einem Bauteil verknüpft werden?

4. Wie muss eine Variable, die z. B. eine Anzahl von Bohrungen in einem Muster definiert, formatiert sein?

5. Womit können Features schnell unterdrückt werden und wie wird diese Funktion bedient?

8 Erstellung von Teilefamilien (Part Families)

Dieses Kapitel befasst sich mit dem Erstellen von Teilefamilien. Basis hierfür ist die Parametrisierung von Einzelteilen. In der Industrie wird die Teilefamilie häufig eingesetzt, um nicht für jede Variante eines Bauteils ein neues CAD-Modell aufbauen zu müssen. Durch die geschickte Wahl von Parametern bei der Erstellung einer neuen Geometrie können mit geringem Aufwand alle Varianten eines Bauteils abgebildet werden. Im Folgenden wird das Einzelteil <Silo.par> aus Kapitel 3 verwendet.

Gesamtvorgehensweise:

- Parametrisieren des Silos

- Erzeugen einer Teilefamilientabelle

- Erstellen von vier Varianten

- Ablegen der vier Varianten

- Erstellen einer Zeichnung für eine Teilefamilie

8.1 Parametrisieren des Silos

1. Öffnen von <Silo.par>

2. Rechtsklick auf Ausrundung ⇒ UNTERDRÜCKUNGSVARIABLE HINZU-FÜGEN

3. Menüleiste EXTRAS ⇒ Gruppe VARIABLEN ⇒ VARIABLEN

4. Bauteil wie abgebildet parametrisieren:

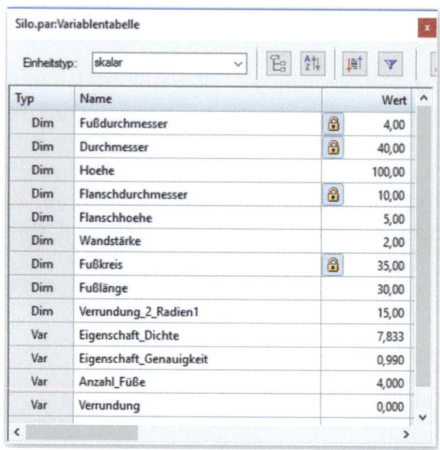

8.2 Erzeugen und Ablegen von einzelnen Varianten

1. Menüleiste ANSICHT ⇒ Gruppe EINBLENDEN ⇒ auf Button
   FENSTERBEREICHE ▢ klicken und ▢ Teilefamilie auswählen, so
   dass die Teilefamilie rechts neben dem Arbeitsbereich erscheint

2. Button TABELLE BEARBEITEN ▢

3. Mit Button NEUES ELEMENT ▢ neues Element erzeugen ⇒ Name
   <Silo1> ⇒ wiederholen für <Silo2>, <Silo3> und <Silo4>

4. Unter Variablen folgende Variablen einstellen:

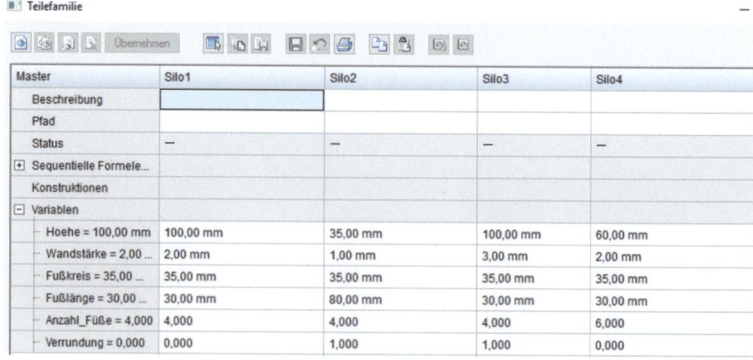

Master	Silo1	Silo2	Silo3	Silo4
Beschreibung				
Pfad				
Status	—	—	—	—
⊞ Sequentielle Formele...				
Konstruktionen				
⊟ Variablen				
Hoehe = 100,00 mm	100,00 mm	35,00 mm	100,00 mm	60,00 mm
Wandstärke = 2,00 ...	2,00 mm	1,00 mm	3,00 mm	2,00 mm
Fußkreis = 35,00 ...	35,00 mm	35,00 mm	35,00 mm	35,00 mm
Fußlänge = 30,00 ...	30,00 mm	80,00 mm	30,00 mm	30,00 mm
Anzahl_Füße = 4,000	4,000	4,000	4,000	6,000
Verrundung = 0,000	0,000	1,000	1,000	0,000

5. Mit Rechtsklick auf VARIABLEN ⇒ [✔ Nur überschriebene Variablen anzeigen]
werden nur die geänderten Variablen übersichtlich dargestellt.

6. Anwählen von Silo2 ⇒ Button ÜBERNEHMEN [Übernehmen] ⇒ OK ⇒
Variante wird im Arbeitsbereich dargestellt

7. Button ALLE ELEMENTE AUSWÄHLEN [⊞] ⇒ Button ELEMENT(E)
ABLEGEN [⊟] ⇒ OK ⇒ JA ⇒ Alle Elemente werden als separate Dateien
im Ursprungsordner abgelegt.

8. Variablentabelle schließen

Hinweis: In der Teilefamilientabelle können Features auch unter SEQUENTIEL-
LE FORMELEMENTE ausgeblendet werden und benötigen für die Teilefamilie
keine Unterdrückungsvariable.

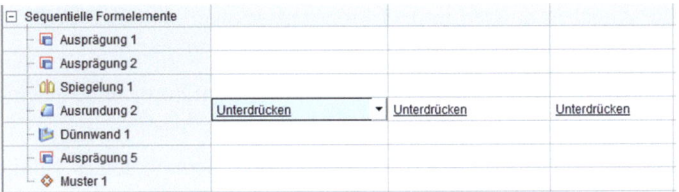

8.3 Erstellen einer Zeichnung für eine Teilefamilie

1. Neue Zeichnung erstellen

2. Hauptansicht der Masterdatei <Silo.prt> einfügen

3. Gruppe   TABELLEN   ⇒   Button   TEILEFAMILIENTABELLE
[⊞] Teilefamilientabelle

4. Hauptansicht auswählen ⇒ gewünschte Variablen für Tabelle auswählen ⇒
OK

Ziwschenstand:

Name	Verrundung	Anzahl_Füße	Fußlänge	Fußkreis	Wandstärke	Hoehe
Silo1	0,00	4,00	30,00 mm	35,00 mm	2,00 mm	100,00 mm
Silo2	1,00	4,00	80,00 mm	35,00 mm	1,00 mm	35,00 mm
Silo3	1,00	4,00	30,00 mm	35,00 mm	3,00 mm	100,00 mm
Silo4	0,00	6,00	30,00 mm	35,00 mm	2,00 mm	60,00 mm

5. Tabelle platzieren

8.4 Kontrollfragen

1. Welche Angaben müssen in dem Einzelteil erfolgen, um eine Teilefamilie erfolgreich zu erstellen?

2. Welche beiden Möglichkeiten bietet Solid Edge, um Formelemente einer Teilefamilie zu unterdrücken und welche Vorteile bieten diese?

3. Welche Auswirkungen hat ein Parameterwert außerhalb seines Gültigkeitsbereichs?

4. Wann können zuvor festgelegte Variablen in einer Teilefamilie nicht verändert werden?

5. Wie kann nur eine bestimmte Teilmenge aller Varianten als einzelne Bauteile abgelegt werden?

9 Erstellung von Baugruppenfamilien

Dieses Kapitel befasst sich mit dem Erstellen von Baugruppenfamilien. Basis hierfür ist die Teilefamilie einzelner Bauteile. Die Baugruppenfamilie findet Verwendung, um ein vollständiges Produkt in verschiedenen Varianten anbieten zu können, ohne jede Variante einzeln erstellen zu müssen.

Im Folgenden wird die Baugruppe <Siloanlage.asm> aus Kapitel 3 verwendet.

 Hinweis: Es ist nicht möglich, Baugruppenfamilien von Baugruppen zu erstellen, in denen eine Verrohrung mit der Funktion XpresRoute und/oder Kabelbäume mit Harness Design erzeugt wurden. Diese Elemente werden automatisch bei der Baugruppenfamilienerstellung unterdrückt.

9.1 Erzeugen und Ablegen von einzelnen Varianten

1. Öffnen der Siloanlage aus Kapitel 3

2. Bohrungsmuster der Basisplatte 1 auf <4> zurückstellen ⇒ ggf. defekte Beziehungen reparieren

3. Rechts neben dem Arbeitsbereich auf die Registerkarte ALTERNATIVE BAUGRUPPEN umschalten.

    Hinweis: Falls dies nicht möglich ist: Menüleiste ANSICHT ⇒ Gruppe EINBLENDEN ⇒ auf Button FENSTER-BEREICHE klicken und Baugruppenfamilie auswählen, so dass die Baugruppenfamilie rechts neben dem Arbeitsbereich erscheint

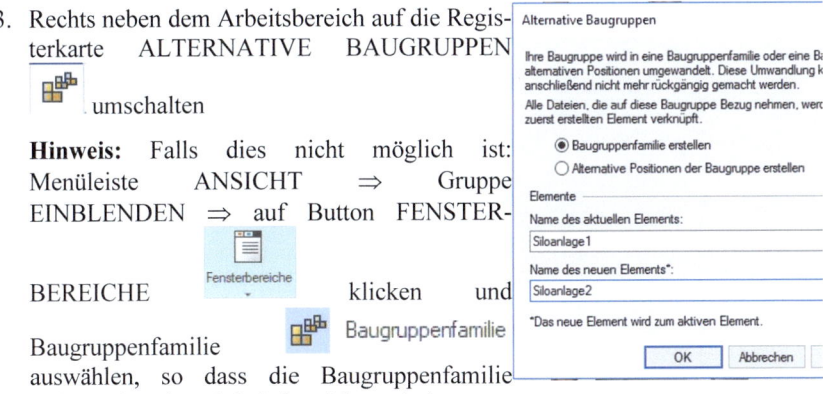

4. Button NEU ⇒ <Siloanlage 1> und <Siloanlage 2> in den Textfeldern wie im rechten Bild dargestellt reinschreiben ⇒ OK

© Der/die Autor(en), exklusiv lizenziert an
Springer Fachmedien Wiesbaden GmbH, ein Teil von Springer Nature 2026
M. Schabacker, *Solid Edge 2025 für Fortgeschrittene – kurz und bündig*,
https://doi.org/10.1007/978-3-658-49845-0_9

5. Button TABELLE BEARBEITEN

6. Button NEU $\Rightarrow$ <Siloanlage3> und <Siloanlage4> anlegen

7. Ersetzen von <Silo> bei Siloanlage2 $\Rightarrow$ Rechtsklick in der Zeile <Silo.par:1> der Spalte <Siloanalge2> $\Rightarrow$ ERSETZEN $\Rightarrow$ <Silo2> im Dropdown-Menü auswählen $\Rightarrow$ OK (sollte die Teilefamilie nicht im gleichen Ordner wie die Baugruppe liegen, muss zunächst mit Durchsuchen der Dateipfad bestimmt werden)

8. Mit Rechtsklick $\Rightarrow$ AUSSCHLIEßEN können Bauteile vollständig deaktiviert werden

9. Alle Varianten wie dargestellt konfigurieren:

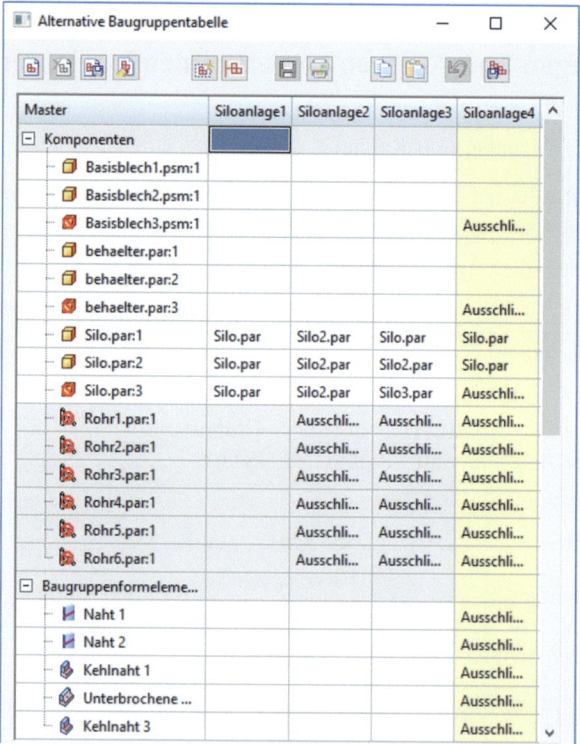

10. Button ELEMENT AKTIVIEREN zeigt die Baugruppenvariante im Grafikbereich

11. Button ELEMENTE AKTUALISIEREN ⇒ aktualisiert die Baugruppe im Arbeitsbereich, wenn Änderungen vorgenommen wurden

12. Button ELEMENT SPEICHERN UNTER 🔲, um Baugruppenvariante zu speichern

Varianten 1 – 4:

☞ **Hinweis:** Bei der Zeichnungserstellung gibt es nicht die Möglichkeit, eine Familientabelle für alle Varianten zu erstellen. Sobald die Baugruppenfamilie in eine Zeichnungsansicht geladen wird, muss der Nutzer entscheiden, welche Variante abgebildet werden soll.

9.2 Kontrollfragen

1. Welche Einschränkungen sind bei der Erzeugung einer Baugruppenfamilie zu beachten?

2. Wie verhalten sich verknüpfte Variablen in einer Baugruppenfamilie?

3. Was ist die Voraussetzung dafür, verschiedene Varianten eines Silos zu verwenden?

4. Welche Einschränkungen gibt es bei der Verwendung von Schweißnähten in einer Familie?

5. Können Bauteile verwendet werden, die in der ursprünglichen Konstruktion nicht verwendet wurden?

10 User Defined Features (UDF)

User Defined Features sind anwenderdefinierte Formelemente. UDF werden einmalig in einem Einzelteil erzeugt und sind dann in anderen Einzelteilen wiederverwendbar. Dazu werden UDF in Bibliotheken abgelegt und stehen somit einem oder mehreren Nutzern zur Verfügung. So lassen sich oft genutzte Features oder Gruppen von Features, die über Parameter gesteuert werden, zusammenfassen und schnell aufrufen. Die Steuerparameter werden vom Nutzer definiert und erscheinen anschließend in dem UDF-Dialog.

10.1 Erstellen eines User Defined Features

1. Zum Speichern von UDF-Dateien muss zunächst ein Ordner <UDF> angelegt werden.

2. Modellieren einer Welle (Beispiel aus [Wüns-2015]) mit einem UDF

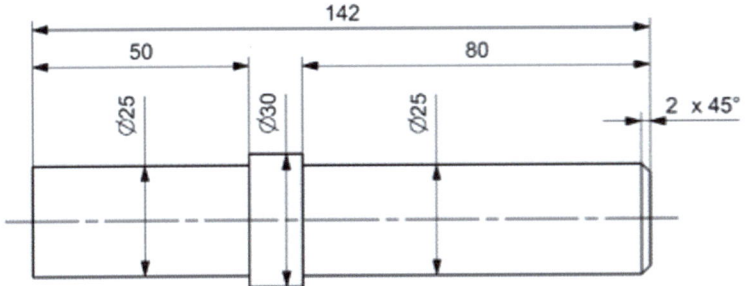

3. Als UDF soll hier eine Passfedernut dienen ⇒ Modellieren der Passfedernut als Ausschnitt OHNE separate Skizze ⇒ Verwenden folgender Parameternamen und -werte:

   Laenge <40 mm>, Breite <8 mm>, Abstand <15 mm> und Tiefe <2 mm>

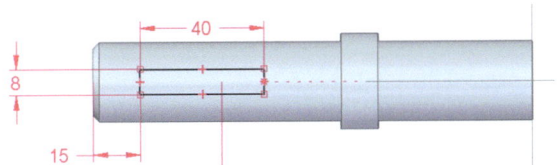

© Der/die Autor(en), exklusiv lizenziert an
Springer Fachmedien Wiesbaden GmbH, ein Teil von Springer Nature 2026
M. Schabacker, *Solid Edge 2025 für Fortgeschrittene – kurz und bündig*,
https://doi.org/10.1007/978-3-658-49845-0_10

Hinweis: Keine separate Skizze für den Ausschnitt erzeugen, da beim Platzieren des UDF nicht gleich dessen Werte geändert werden können. Dies kann über PROFIL BEARBEITEN nachträglich gemacht werden. Des Weiteren erscheint die Bemaßung nicht als optional im späteren Dialog FORMELEMENTSATZINFOR-MATIONEN.

4. Verrunden der Innenkanten im Ausschnitt und als Parameter Radius = Breite/2 definieren

5. Unterdrücken des Features VERRUNDUNG: mit rechter Maustaste auf Feature im PathFinder UNTERDRÜCKUNGSVARIABLE HINZUFÜGEN auswählen, so dass diese Variable in der Variablentabelle erscheint ⇒ Umbenennen in <Radius_Unterdrücken>

6. Ergänzen der Variablentabelle mit einer Beziehung der Unterdrückungsvaria-blen zur Länge der Passfedernut: Wenn der Wert <Laenge> den Wert <Radius> annimmt, dann soll die Unterdrückungsvariable <Radius_Unterdrücken> den Wert <1> (d. h. unterdrückt) haben, andernfalls den Wert <0> (d. h. freigege-ben): → in Solid Edge-Syntax: -(1)*(Laenge = Radius).

7. Menüleiste ANSICHT ⇒ Gruppe EINBLENDEN ⇒ auf Button FENSTERBEREICHE klicken und FORMELEMENT-BIBLIOTHEK

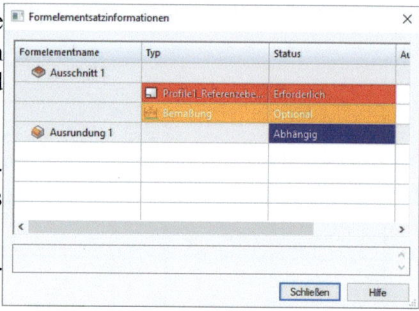

Formelement-Bibliothek auswäh-len, so dass diese Bibliothek rechts neben dem Arbeitsbereich erscheint

8. Auswählen des Ausschnitts und der Ausrundung im PathFinder

9. Button EINTRAG HINZUFÜGEN

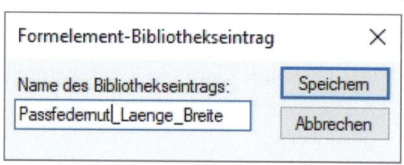

10. Definieren von benutzerdefinierten Anleitungen und Hinweisen für das UDF mit Hilfe des Dialogfelds FORMELEMENTSATZINFORMA-TIONEN ⇒ SCHLIEßEN

11. Eingeben <Passfedernut_Laenge_Breite> als Namen ⇒ SPEICHERN

12. Speichern der Welle und schließen

10.2 Verwenden des User Defined Features

1. Modellieren eines Quaders mit den Abmaßen:
   <100 mm x 50 mm x 20 mm>

2. Ausblenden der Referenzebenen

3. FORMELEMENT_BIBLIOTHEK öffnen ⇒ UDF <Passfedernut_Laenge_Breite> in den Arbeitsbereich ziehen

4. Auf FORMELEMENTSATZDEFINITION  klicken

5. Gehen mit der Maus auf eine Ebene des Quaders

6. Das UDF kann mit der Taste <n> auf der Tastatur in die gewünschte Position gedreht werden.

7. Klicken auf die Fläche zum Platzieren

8. Das Abstandsmaß <15 mm> ist noch offen ⇒ zum Platzieren auf die im Bild orange dargestellte Kante klicken

9. SCHLIEßEN ⇒ Menüleiste HOME ⇒ AUSWÄHLEN

10. Im PathFinder wurde eine neue Gruppe mit dem Ausschnitt und der Ausrundung der Passfeder erstellt:

    ▼ Gruppe 1
    ▶   Ausschnitt 1
          Ausrundung 1

11. Mit rechter Maustaste ⇒ DEFINITION BEARBEITEN können Parameterwerte oder die Plazierung geändert oder gelöscht werden.

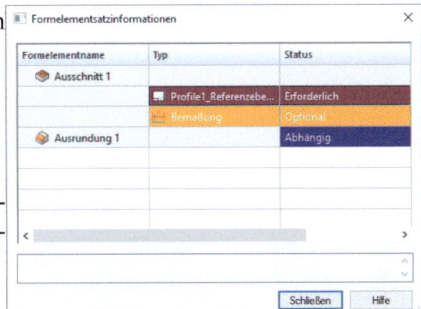

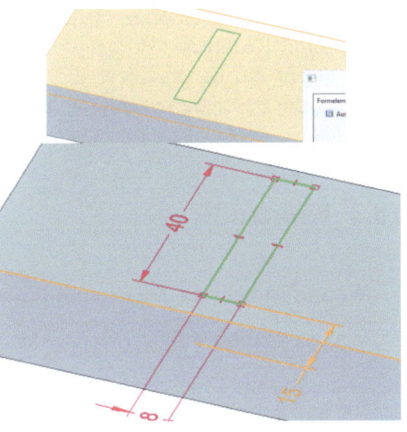

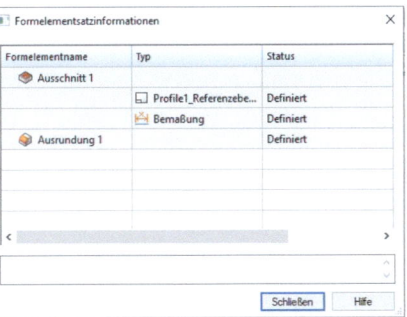

12. Das Einfügen eines UDF kann beliebig häufig mit Button WIEDERHO-
LEN wiederholt werden.

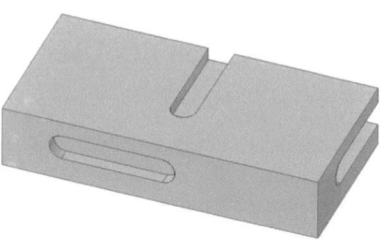

Hinweis: Man beachte, dass die ursprünglichen Parameternamen des UDF verlo-
rengegangen sind, Formelzusammenhänge sind dagegen noch erkennbar. Auch die
Unterdrückungsvariable ist verloren gegangen.

Wird das UDF <Passfedernut_Laenge_Breite> auf eine andere Welle mit einer
tangentialen (Referenz-) Ebene gelegt, so kann das UDF NICHT mit <n> gedreht
werden. Die Lösung besteht darin, **entweder** die Welle im gleichen Koordinatensystem zu modellieren **oder** <Breite> mit <Laenge> zu vertauschen **oder** die Passfedernut mit Rechteck <Breite> * <Tiefe> und mit <Laenge> zu extrudieren. Danach besteht die Möglichkeit, die Stirnseite der Welle auszuwählen, da hier die
Richtung der Passfedernut mit der Taste <n> gedreht werden kann.

10.3 Kontrollfragen

1. Worauf ist beim Erstellen eines Features für ein UDF zu achten?

2. Warum ist die Parametrisierung der Maße eines UDF wichtig?

3. Wie kann die Problematik umgangen werden, dass sich das UDF beim Einsetzen auf anderen Körpern, z. B. einer Welle, nicht drehen lässt?

11 Engineering Reference Formelemente

Dieses Kapitel beschäftigt sich mit der Erstellung von Formelementen durch das Engineering Reference Feature in Solid Edge. Diese Funktion ermöglicht es dem Konstrukteur, eine Auswahl von Formelementen (z. B. Zahnräder, Schneckenräder, Zahnriemenscheiben, Wellen, Nocken) einzig durch die Eingabe von Parametern zu erzeugen und u. a. deren Festigkeit zu berechnen.

11.1. Parameter des Stirnradpaares

Die Vorgehensweise für Engineering Reference wird anhand des Beispiels eines Stirnradpaares beschrieben. Dafür sind folgende Zahnradparameter gegeben:

Name	Wert
Sollübersetzungsverhältnis	2
Eingriffswinkel	20,00°
Schrägungswinkel	14,00°
Mittenabstand	100 mm
Schrägungswinkelrichtung	Rechts
Fußausrundung	0,3 mm
Zahnradgenauigkeit	0,95
Gesamteinheitskorrektur	0
Betriebsfaktor	1,2
Ritzelbefestigungskonstante	0,8
Rauheitsfaktor	1,1

11.2. Erzeugen des Stirnradpaares

Mit folgender Vorgehensweise wird das Stirnradpaar erzeugt:

1. NEU ⇒ <DIN Metrisches Baugruppe> auswählen und unter <Stirnrad.asm> speichern

© Der/die Autor(en), exklusiv lizenziert an
Springer Fachmedien Wiesbaden GmbH, ein Teil von Springer Nature 2026
M. Schabacker, *Solid Edge 2025 für Fortgeschrittene – kurz und bündig*,
https://doi.org/10.1007/978-3-658-49845-0_11

2. Menüleiste EXTRAS ⇒ Gruppe UMGEBUNGEN ⇒ Button ENGINEERING REFERENCE ⇒ STIRNRAD-ASSISTENT:

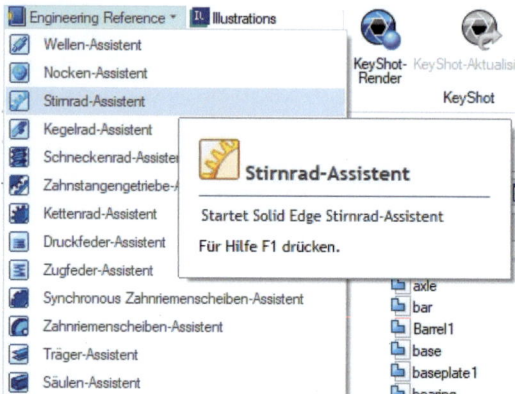

3. Eingeben der auf der Vorderseite angegebenen Parameterwerte:

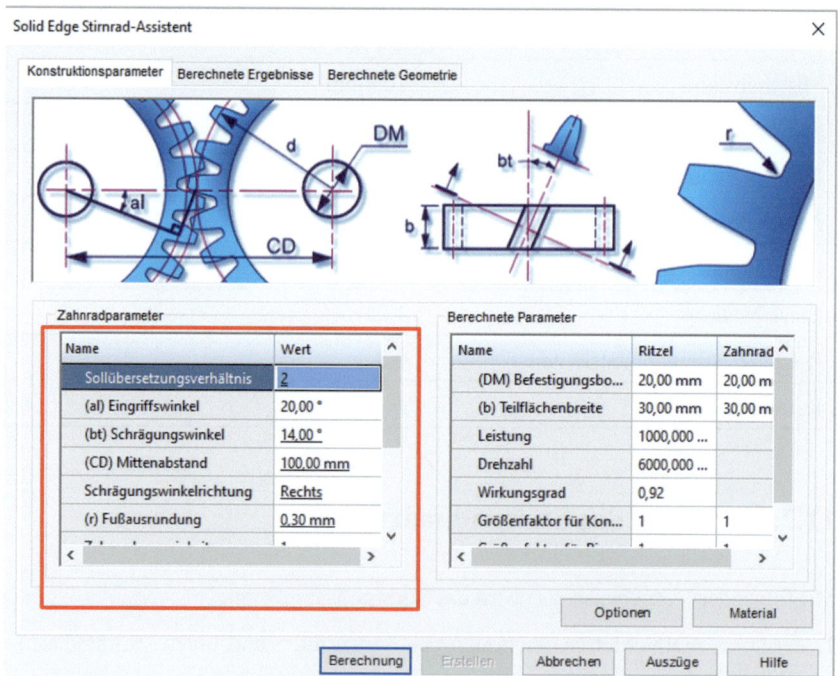

4. Anklicken des Buttons MATERIAL zum Festlegen der Spannung je nach Anwendungsfall (➔ essentiell für die Festigkeitsprüfung) ⇒ OK

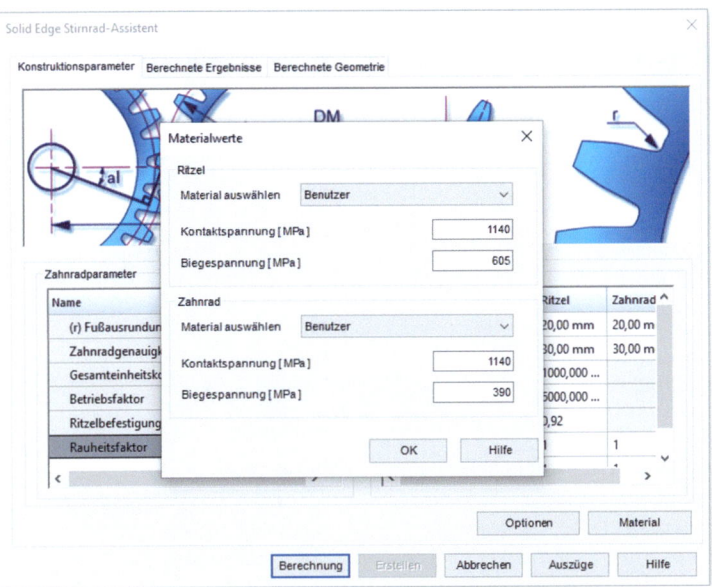

5. Anklicken des Buttons BERECHNUNG ⇒ Solid Edge berechnet alle zum
   Zahnrad zughörigen Werte, prüft die Festigkeit und berechnet die Geometrie ⇒
   siehe unter Reiterkarte BERECHNETE ERGEBNISSE oder BERECHNETE
   GEOMETRIE:

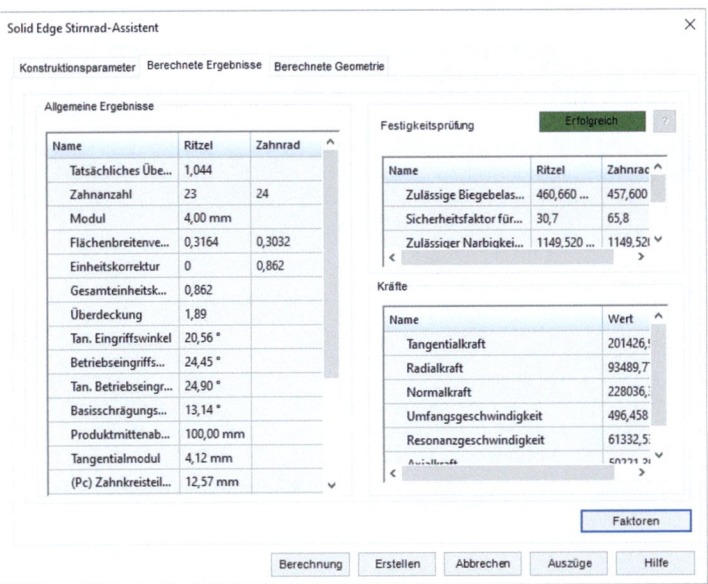

6. Anklicken des Buttons ERSTELLLEN $\Rightarrow$ Solid Edge möchte sowohl das Ritzel als auch das Zahnrad als separates Teil abspeichern

7. Abspeichern des ersten Teils unter <Ritzel.prt>

8. Abspeichern des zweiten Teils unter <Zahnrad.prt>

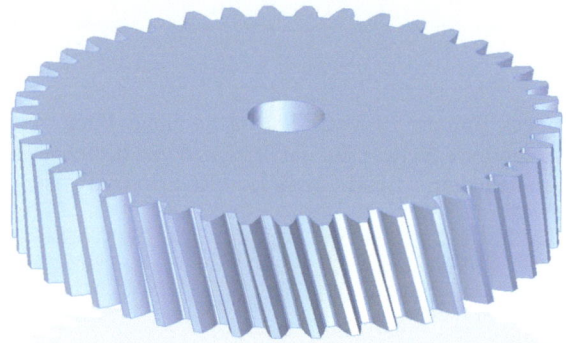

9. Anschließend in der Baugruppe Beziehungen vergeben, so dass sich beide Teile mit der Motorfunktion drehen

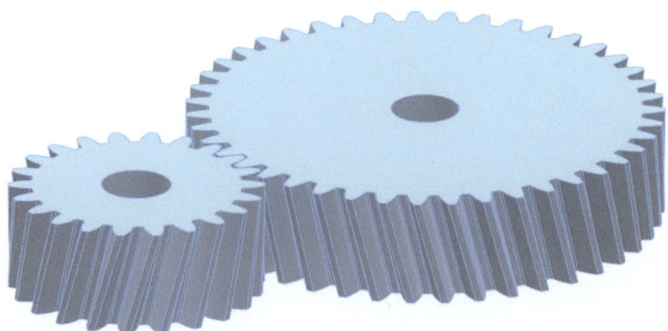

12 Konstruktionsbegleitende Simulation (FEM)

Die Simulation von Produkten ist ein wichtiger Bestandteil in der Produktentwicklung. Durch frühzeitige Simulation und einhergehende Optimierung von Produkten und Modellen kann eine große Kostenersparnis erzielt werden. Mit steigender Genauigkeit der Simulationsprogramme und steigender Rechenleistung werden in der Vorserienfertigung immer weniger Prototypen benötigt, um künftiges Bauteilverhalten zu prognostizieren.

CAx-Systeme werden oftmals mit eigenen Simulationslösungen versehen. Hierdurch können mittels direkter Verknüpfung von CAD und Simulationsobjekt Schnittstellenprobleme umgangen werden. Die Funktionsvielfalt von CAx-Systemen ist in der Regel geringer als die von selbstständiger Simulationssoftware.

12.1 Grundlagen

In diesem Buch sollen nicht die theoretischen Grundlagen der FEM-Simulation vermittelt werden. Lediglich wird hier anhand von Beispielen die praktische Vorgehensweise einer solchen Simulation dargestellt.

Um den Sinn einzelner Schritte zu verstehen, ist es notwendig, einige grundlegende Kenntnisse über die FEM zu haben.

Die FEM besteht i.d.R. aus den folgenden drei Schritten:

- Preprocessing
    - Aufbereiten der Geometrie
    - Vernetzen der Geometrie
    - Definieren von Lasten und Zwangsbedingungen
- Solving
- Postprocessing
    - Aufbereiten der Ergebnisse
    - Bewerten der Ergebnisse

Aufbereiten der Geometrie:

In Solid Edge können sowohl 2D- als auch 3D-Geometrien (d. h. Flächen und Volumenkörper) simuliert werden. Eine separate Geometrieaufbereitung gibt es in Solid Edge nicht. Ein Bauteil, das simuliert werden soll, sollte nur so detailliert wie nötig sein, um Rechenzeit zu sparen. Features, z. B. Verrundungen, die keinen Einfluss auf das Ergebnis haben, sollten bei komplexen Modellen im PathFinder unterdrückt werden.

In der Vorbereitung muss beachtet werden, dass allen Bauteilen ein Material zugewiesen wird.

Vernetzen der Geometrie:

Die Vernetzung einer Geometrie kann mit verschiedenen Elementen zur Diskretisierung des CAD-Modells erfolgen. Während eigenständige Simulationsprogramme dem Nutzer verschiedene 1D-, 2D- und 3D-Elemente zur Verfügung stellen, gibt Solid Edge vor, welches Element zum Vernetzen verwendet wird. Für Volumenkörper werden immer Tetraeder-Elemente verwendet, wohingegen die Vernetzung von Flächenkörpern mittels viereckigen 2D-Schalenelementen erfolgt.

Ein wichtiger Punkt bei der Vernetzung besteht in der gewählten Elementengröße. Je feiner ein Netz ist, desto genauer ist das Ergebnis, umso höher ist jedoch der Rechenaufwand. Daher sollte ein Modell nur so fein wie nötig vernetzt werden. An kritischen Stellen kann das Netz manuell feiner eingestellt werden, um genauere Ergebnisse zu erhalten.

Definieren von Lasten und Zwangsbedingungen:

Um verlässliche Ergebnisse zu erzielen, ist die Definition der korrekten Lasten in Betrag, Richtung und Ort sowie die Lage und Art der Zwangsbedingung von großer Bedeutung. Die Wirkflächen der Lasten und Zwangsbedingungen sollten bei der Geometrieaufbereitung bereits berücksichtigt werden. Zum Beispiel sollten Angriffsflächen, die nur teilbelastet werden, geteilt werden.

Solving:

Die Berechnung des aufgebauten Elements erfolgt nicht in Solid Edge, sondern wird einem externen Solver zugeführt. In Solid Edge wird hierzu NASTRAN verwendet. Die Parameter für die Berechnung sowie die zu errechnenden Ergebnisse müssen zu Anfang der Simulation definiert werden.

Solid Edge ist in der Lage, linearstatische Berechnungen, Modalanalysen sowie thermische Simulation und die Überlagerung dieser durchzuführen.

Bei dünnwandigen Bauteilen (Wandstärke < 1/10 der maximalen Bauteilabmessung) ist es sinnvoll, Mittelflächen (in Solid Edge als *Mittenfläche* bezeichnet) zu verwenden und die Vernetzung mit viereckigen Schalenelementen durchzuführen. Der Aufwand, solche Modelle in Solid Edge aufzubereiten, kann aber sehr groß werden.

Aufbereiten der Ergebnisse:

Die errechneten Ergebnisse können graphisch dargestellt werden. Auf die Funktionen, die hierfür zur Verfügung stehen, wird später im Detail eingegangen.

Bewerten der Ergebnisse:

Das Bewerten der Ergebnisse obliegt dem Nutzer der Software. So wird empfohlen, eine Plausibilitätsbetrachtung der Ergebnisse durchzuführen. Diese kann durch eine analytische Überschlagsrechnung erfolgen, indem die Größe der Ergebnisse überprüft wird. Ein weiterer Ansatz ist die Überprüfung der Verschiebung des gelösten Modells mit der erwarteten Verschiebung der Knotenpunkte. Ein weiterer Einflussfaktor bei der Bewertung spielt die Erfahrung der Person, die die Bewertung durchführt.

12.2 Preprocessing in Solid Edge

Im Folgenden werden die zuvor erläuterten Schritte am Beispiel des Silos aus Kapitel 3 gezeigt.

1. Öffnen von <Silo.par>

2. Menüleiste SIMULATION ⇒ Gruppe BERECHNUNG ⇒ NEUE

Neue
BERECHNUNG Berechnung ⇒ ggf. Optionen drücken, um folgende Parameter einstellen zu können:

Berechnungstyp: Es soll eine LINEAR STATISCHE Berechnung durchgeführt werden.

Vernetzungstyp: bei Volumenkörper lassen sich ausschließlich TETRAEDER einstellen.

Berechnung großer Verschiebungen: (aktiviert die nichtlineare Simulation) sollte nur dann eingeschaltet werden, wenn große Verschiebungen erwartet werden oder ein nichtlineares Verhalten des Werkstoffs vorliegt.

Mehrere Prozessoren verwenden:

Je mehr Kerne zur Berechnung zur Verfügung stehen, desto schneller erfolgt die Berechnung.

Nur Flächenergebnisse generieren: Soll die Spannung innerhalb eines Körpers bewertet werden, so muss das Häkchen entfernt werden.

Knoten und *Elemente:* Hier werden die gewünschten Ergebnisse eingestellt.

⇒ OK

3. Einstellen der Einheiten in Solid Edge auf die gewünschte Größe ⇒ Menüleiste DATEI ⇒ OPTIONEN ⇒ DATEIEIGENSCHAFTEN ⇒ EINHEITEN ⇒ Einstellen von <mN> auf <N> und von <kPa> auf <N/mm²>) ⇒ OK

4. Menüleiste SIMULATION ⇒ Gruppe BERECHNUNG ⇒ Material <STAHL> einstellen

5. Button DEFINIEREN ⇒ ENTWURFSELEMENT_1 ⇒ Haken **Akzeptieren** drücken

6. Erzeugen einer DRUCKKRAFT

   Druckkraft ⇒ auf die obere, mittlere und untere Mantelfläche klicken ⇒ von <1N/mm² = 10 Bar> mit ENTER-Taste bestätigen

7. Definieren einer Einspannung ⇒

   FIXIERT Fixiert ⇒ Auswahl der Fußflächen ⇒ mit ENTER-Taste bestätigen

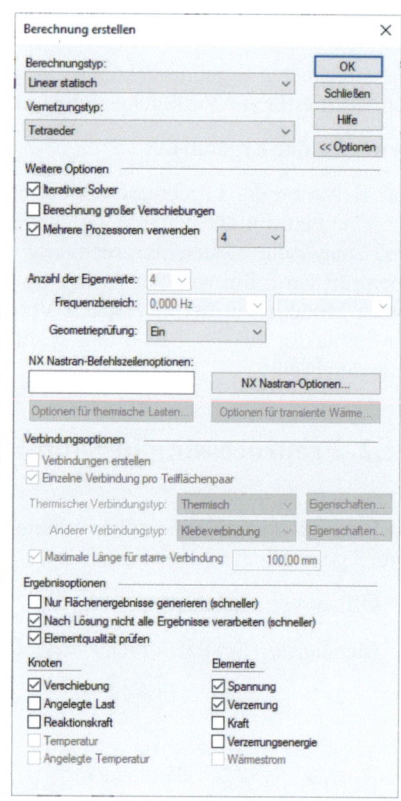

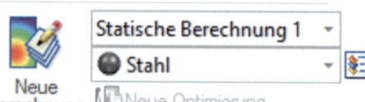

8. Button VERNETZUNG ⇒
   Stufe 8 ⇒ VERNETZUNG ⇒
   SCHLIEßEN

9. Netzverfeinerung ⇒ Gruppe VER-
   NETZUNG ⇒ KANTENGRÖßE ⇒
   ELEMENTGRÖßE <1 mm> ⇒
   Übergang Tank zu Anschlussflansche
   wählen ⇒ AKZEPTIEREN

10. Rechts neben dem Arbeitsbereich in

    ⇒ in Simulation ist nun ein
    orangenes   Ausrufezeichen
    ☑ ❗ ⠿ Vernetzung ⇒ erneut auf
    Gruppe VERNETZUNG ⇒ Button
    VERNETZUNG ⇒ VERNETZUNG
    ⇒ SCHLIEßEN

11. Berechnung starten in Gruppe
    LÖSEN mit Button BERECHNEN

Berechnen

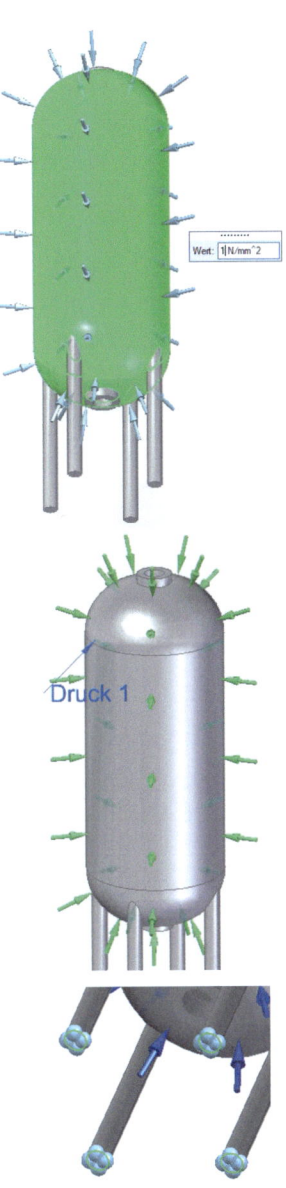

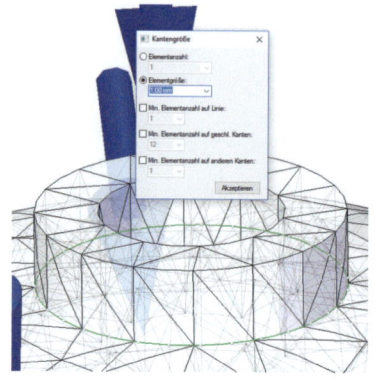

12.3 Postprocessing in Solid Edge

1. Solid Edge wechselt automatisch in die Ergebnisansicht ⇒ rechts neben dem Arbeitsbereich in

   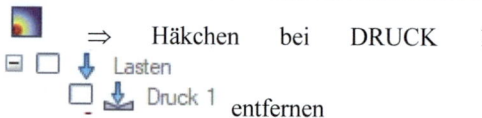 ⇒ Häkchen bei DRUCK 1
   entfernen

2. Menüleiste ANZEIGEN ⇒ Gruppe HAUPTANZEIGE ⇒ KANTENFORMATVORLAGE ⇒ MODELL einstellen

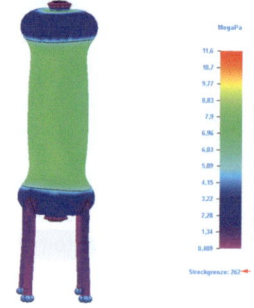

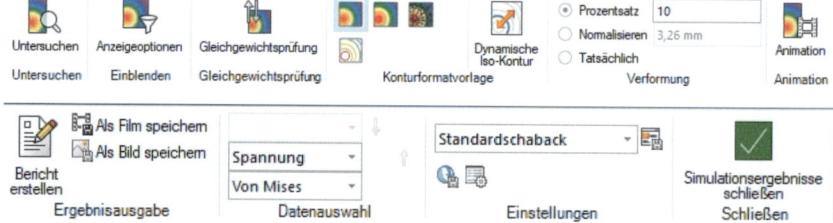

3. Menüleiste HOME ⇒ UNTERSUCHEN ⇒ hiermit können Spannung und Verschiebung an einem bestimmten Knotenpunkt genau bestimmt werden.

4. In der Gruppe KONTURFORMATVORLAGE können verschiedene Ansichten der Verläufe der Ergebnisse dargestellt werden.

5. In der Gruppe VERFORMUNG kann die tatsächliche Verformung oder eine normalisierte Darstellung abgebildet werden.

6. Gruppe ANIMATION ⇒ ANIMATION ermöglich eine Animation über den Spannungs-/Verformungsaufbau über die Zeit.

7. Gruppe ERGEBNISAUSGABE ⇒ BERICHT ERSTELLEN ermöglicht die Ausgabe eines Berichts mit allen wesentlichen Ergebnissen und Ausgangswerten:
   ⇒ ALS FILM SPEICHERN ermöglicht das Speichern der zuvor erstellten Animation.

   ⇒ ALS BILD SPEICHERN ermöglicht das Erstellen eines Screenshots der aktuellen Anzeige.

8. Gruppe DATENAUSWAHL ermöglicht es, die in Abschnitt 12.2 angekreuzten Ergebnisse durchzuschalten. So kann hier auf die Verschiebung umgestellt werden. Ebenso kann unter der Spannung statt der VON MISES-Spannung der Sicherheitsfaktor eingestellt werden.

9. Menüleiste ANSICHT ⇒ Gruppe DARSTELLUNGSTIEFE ⇒ EBENEN BESTIMMEN ermöglicht es, durch den Körper zu schneiden. Diese Schnittansicht kann bei der Bewertung von großer Bedeutung sein, wenn es darum geht, das Spannungsverhalten direkt unter der Oberfläche oder an Übergängen zu bestimmen.

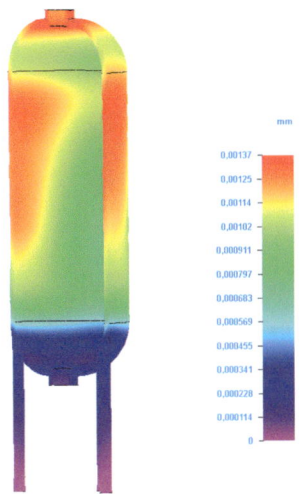

Simulationsergebnisse
schließen

10. Button SIMULATIONSERGEBNISSE SCHLIEßEN

12.4 Optimierung in Solid Edge

Solid Edge verfügt auch über die Funktion KÖRPER, mittels FEM selbstständig zu optimieren. Hier muss zunächst eine normale Simulation durchgeführt werden. Anschließend werden die Grenz-, Rand- und Zielparameter der Optimierung definiert. In mehreren Iterationsschritten ermittelt Solid Edge nun die Lösung, die den gewählten Parametern und Bedingungen am nächsten kommt.

Die Optimierung soll an einem einfachen Stab mit Material <STAHL> und den Abmessungen 5 mm x 20 mm x 500 mm erfolgen. Dieser ist an einer Seite eingespannt und wird auf der anderen Seite mit einer Kraft von 50 N belastet.

1. Das Modell mittels Abschnitt 12.3 selbstständig aufbauen

2. Teilfläche anklicken ⇒ Button XYZ RICHTUNGSTYP Richtungstyp
   ⇒ Werte anpassen:

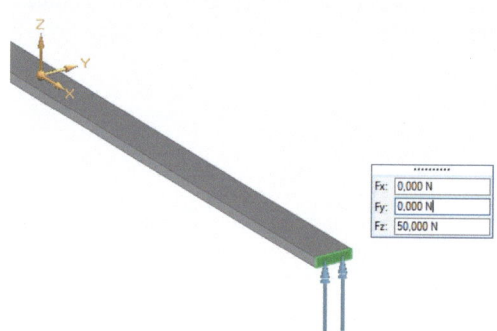

3. Button FIXIERT ⇒ Teilfläche anklicken ⇒ ENTER-Taste drücken

Simulationsergebnisse
schließen

4. Button SIMULATIONSERGEBNISSE SCHLIEßEN

Die Ergebnisse sollten eine maximale Spannung von <295,256 MegaPa> bei einer Verformung von <49,82 mm> zeigen. Damit würde der Stab plastisch verformt werden. Ziel ist es, dass die Spannung einen Wert von <200 MegaPa> nicht überschreitet. Dabei darf Solid Edge die Dicke des Stabes von <5 mm> verändern.

5. Menüleiste SIMULATION ⇒ Gruppe BERECHNUNG ⇒ Button NEUE OPTIMIERUNG ⟦Neue Optimierung⟧

6. ENTWURFSZIEL DEFINIEREN… ⇒ ERGEBNISSE DER SIMULATIONS-BERECHNUNG aufklappen ⇒ SPANNUNG aufklappen ⇒ VON MISES anklicken ⇒ OK

7. ENTWURFSZIELTYP ⇒ einstellen auf ZIEL ⇒ ZIELWERT <200> ⇒ WEITER

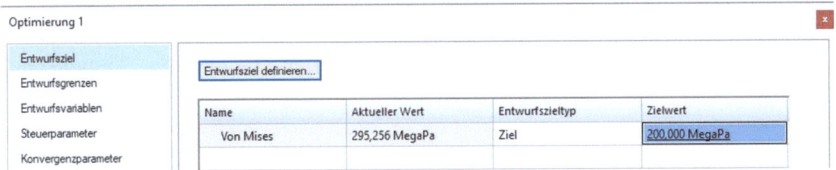

8. In ENTWURFSGRENZEN ⇒ GRENZE HINZUFÜGEN… ⇒ ERGEBNISSE DER SIMULATIONSBERECHNUNG aufklappen ⇒ VERSCHIEBUNG aufklappen ⇒ RESULTIERENDE VERSCHIEBUNG anklicken ⇒ OK ⇒ REGELEDITOR ⟦⟧ öffnen ⇒ untere Grenze Größer als oder Gleich <0,00 mm> ⇒ obere Grenze kleiner als oder gleich <50,00 mm> ⇒ OK ⇒ WEITER

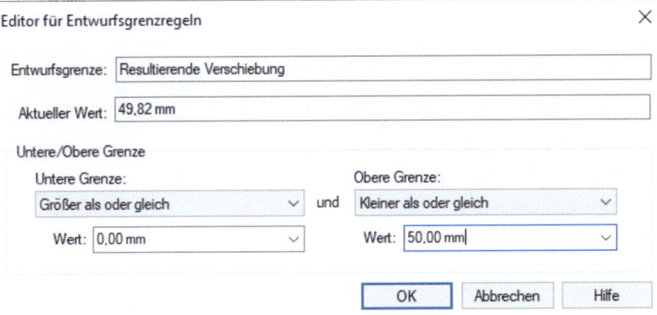

9. In ENTWURFSVARIABLEN ⇒ MODELLVARIABLE HINZUFÜGEN… ⇒ Variable (hier V382) mit Wert <5> anklicken ⇒ HINZUFÜGEN

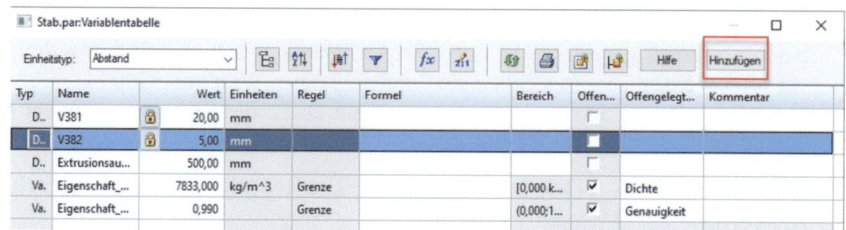

10. REGELEDITOR öffnen: untere Grenze $\geq 0,00$ mm $\Rightarrow$ Obere Grenze $\leq 30,00$ mm $\Rightarrow$ OK $\Rightarrow$ WEITER

11. Button OPTIMIEREN $\Rightarrow$ Solid Edge sucht nun in maximal 20 Schritten die beste Lösung

12. Im dann erscheinenden Dialogfeld ZUSAMMENFASSUNG ANZEIGEN $\Rightarrow$ eine Excel-Arbeitsmappe mit den Iterationsschritten und Lösungen wird dargestellt $\Rightarrow$ Iteration 6 mit einer korrigierten Stärke von <5 mm> auf <6,180 mm> hat sich als beste Lösung zu den Rahmenbedingungen herausgestellt:

Statische Berechnung 1 Optimierung 1
Optimierung wurde konvergiert, da die letzten Entwurfsänderung innerhalb der Konvergenzkriterien liegen.

Optimierungsparameter	Einheiten				
Entwurfsziel		Entwurfsziel	Aktueller Wert	Entwurfszieltyp	Zielwert
	MegaPa	Von Mises	295,256	Ziel	2,000E+02
Entwurfsgrenzen		Grenze	Aktueller Wert	Wert begrenzen	
	mm	Resultierende Verschiebung	49,820	[0,00 mm;50,00 mm]	
Entwurfsvariablen		Typ	Name	Wert	Bereich
	mm	Dim	V382	5,000	[0,00 mm;30,00 mm]

Optimierungsergebnisse	Einheiten						
Iteration		1	2	3	4	5	6
Entwurfsziel							
Von Mises	MegaPa	295,256	62,419	136,057	183,481	192,186	192,972
Entwurfsvariable							
V382	mm	5,000	11,000	7,455	6,342	6,199	6,180
							*
Entwurfsgrenze							
Resultierende Verschiebung	mm	49,820	4,686	15,048	24,431	26,154	26,403

Verarbeitungsergebnisse	Einheiten						
Iteration		1	2	3	4	5	6
Resultierende Verschiebung-Minimal	mm	0	0	0	0	0	0
Resultierende Verschiebung-Maximal	mm	49,820	4,686	15,048	24,431	26,154	26,403
Von Mises-Minimal	MegaPa	1,567	0,234	0,413	0,853	0,904	0,889
Von Mises-Maximal	MegaPa	295,256	62,419	136,057	183,481	192,186	192,972
Sicherheitsfaktor-Minimal		0,887	4,197	1,926	1,428	1,363	1,358
Sicherheitsfaktor-Maximal		167,249	1,122E+03	635,008	306,983	289,937	294,657

12.5 FEM an einem Doppel-T-Träger

In der FEM müssen CAD-Modelle häufig noch aufbereitet werden, um später mit allen Lasten versehen zu werden. Diese Aufbereitung erfolgt vor dem Preprocessing. Folgender Lastfall soll mit Hilfe einer FEM an einem Doppel-T-Träger abgebildet werden. Der Träger ist an beiden Enden über eine Länge von <50 mm> auf jeweils ein Festlager eingespannt und wird mit einer Flächenlast F (<6.000 N>) über eine Länge von <100 mm> mittig belastet.

Der Doppel T-Träger hat folgende Abmaße:

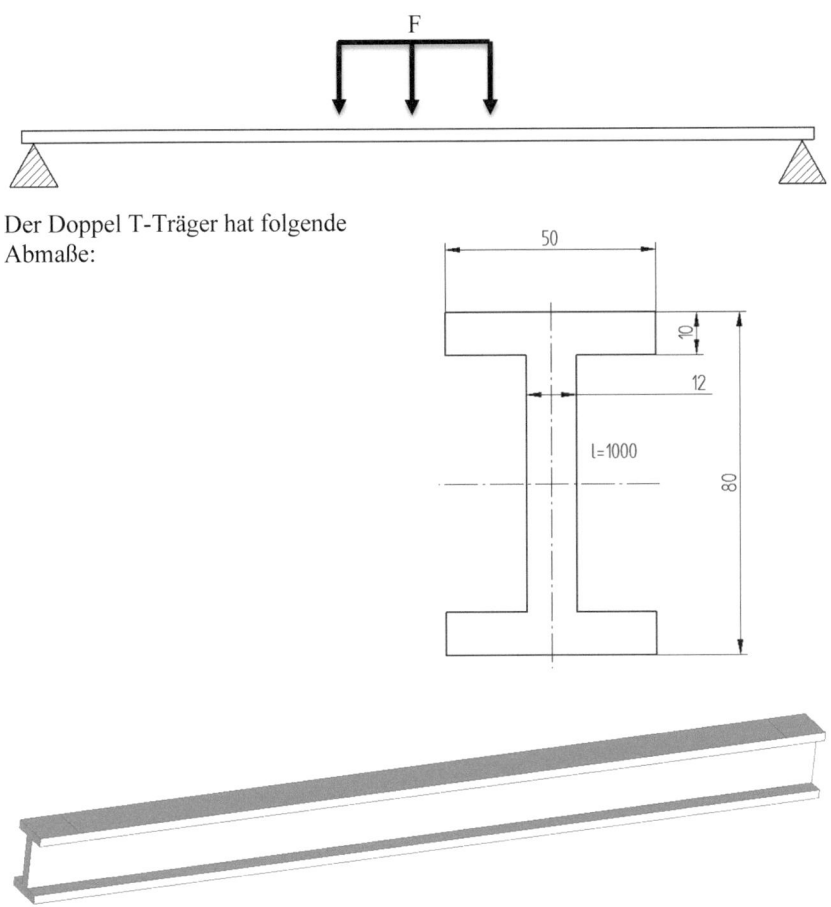

12.5.1 Teilen von Flächen

Damit die geforderte Einspannung am Ende und die Streckenkraft richtig ange-
tragen werden kann, muss die Fläche des Trägers entsprechend den Abmaßen geteilt werden.

1. Erzeugen einer separaten Skizze auf der Oberseite des Trägers, bestehend aus
   zwei Linien mit Abstand 100, symmetrisch auf der Referenzachse:

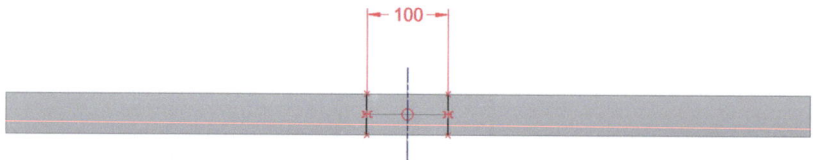

2. Erzeugen einer zweiten Skizze auf der Unterseite des Trägers jeweils mit
   Abstand 50 mm links und rechts der jeweiligen Außenkante:

3. Menüleiste FLÄCHENMODELLIERUNG ⇒ Gruppe FLÄCHEN ÄNDERN
   ⇒ Button TEILEN Teilen

4. Auswählen der oberen Fläche am Träger ⇒ mit Haken ✓ bestätigen

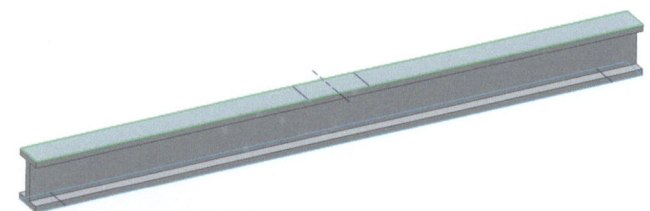

5. Auswählen der beiden Linien in der ersten Skizze für TEILENDE
   GEOMETRIE   AUSWÄHLEN   ⇒   mit   Haken ✓ bestätigen   ⇒
   FERTIGSTELLEN

6. Die Schritte 4 und 5 für die untere Fäche am Träger wiederholen ⇒ Skizzen im
   PathFinder ausblenden ⇒ Speichern

12.5.2 FEM-Analyse eines Doppel-T-Trägers

Das Pre- und Postprocessing kann analog dem Silo erfolgen. Nun können Kräfte und Fixierungen aber an den einzelnen Teilflächen des Trägers angelegt werden.

1. Menüleiste SIMULATION ⇒ Gruppe BERECHNUNG ⇒ NEUE BERECHNUNG ⇒ Parameter einstellen

2. Einstellen der Einheiten in Solid Edge auf die gewünschte Größe ⇒ Menüleiste DATEI ⇒ EINSTELLUNGEN ⇒ OPTIONEN ⇒ EINHEITEN ⇒ ABGELEITETE EINHEITEN ⇒ Kraft auf <N> stellen ⇒ OK

3. Menüleiste SIMULATION ⇒ Gruppe BERECHNUNGEN ⇒ Material <STAHL> einstellen

4. Button DEFINIEREN ⇒ ENTWURFSELEMENT_1 ⇒ ✔ Akzeptieren

5. Erzeugen einer KRAFT von <6000 N> auf die obere Teilfläche von <100 mm> Breite ⇒ ggf.

   Richtung der Kraft mit anpassen ⇒ mit ENTER-Taste bestätigen

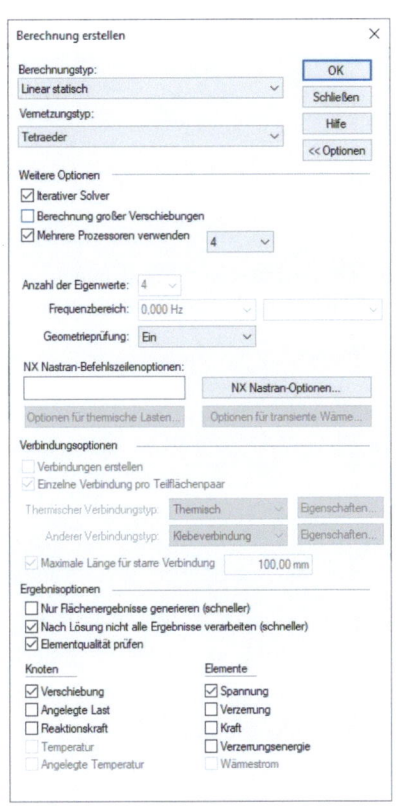

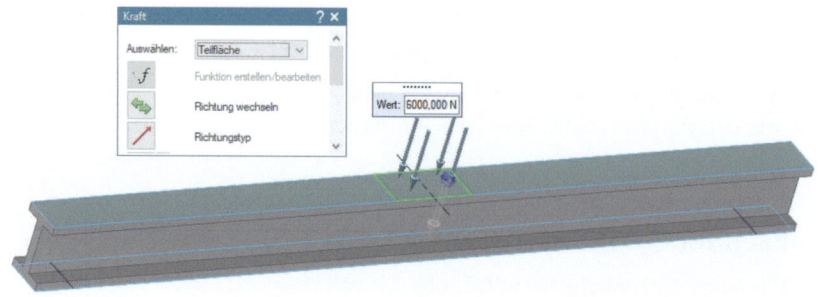

6. Definieren einer Einspannung ⇒ Button FIXIERT ⇒ Auswahl der unteren seitlichen Teilflächen ⇒ mit ENTER-Taste bestätigen

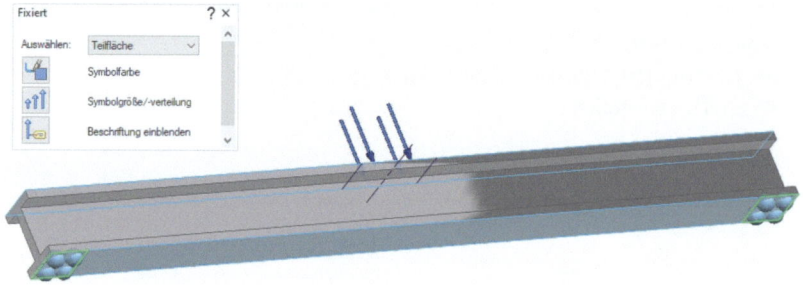

7. Button VERNETZUNG ⇒ Stufe 10 ⇒ VERNETZUNG UND BERECHNEN

8. Es wird sofort das Ergebnis ausgegeben, und das Postprocessing kann analog dem Silo erfolgen.

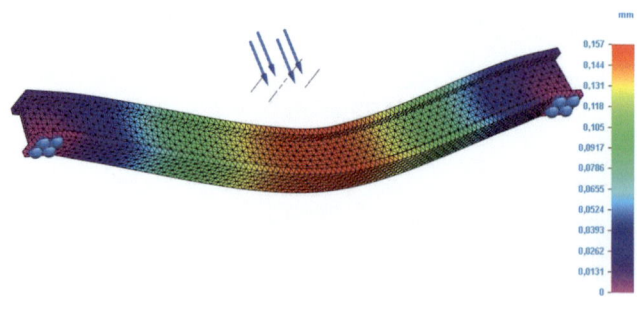

9. Button SIMULATIONSERGEBNISSE SCHLIEßEN

12.6 FEM mit Schalenelementen

Als nächstes soll die FEM mittels Schalenelementen gezeigt werden. Diese werden vorrangig bei dünnwandigen Bauteilen (z. B. Blechteile) eingesetzt.

1. Erzeugen des Blechteils für die FEM-Analyse:

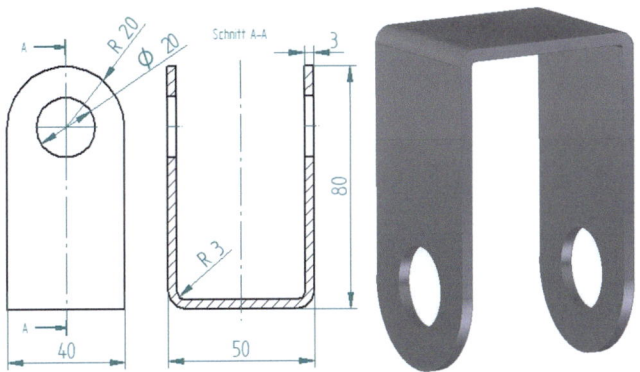

2. Menüleiste SIMULATION ⇒ Gruppe BERECHNUNG ⇒ NEUE BERECHNUNG ⇒ Parameter einstellen

3. Einstellen der Einheiten in Solid Edge auf die gewünschte Größe ⇒ Menüleiste DATEI ⇒ EINSTELLUNGEN ⇒ OPTIONEN ⇒ EINHEITEN ⇒ ABGELEITETE EINHEITEN ⇒ Kraft auf <N> stellen ⇒ OK

4. Menüleiste SIMULATION ⇒ Gruppe BERECHNUNGEN ⇒ Material <STAHL> einstellen

5. Menüleiste SIMULATION ⇒ Gruppe GEOMETRIE ⇒ Button MITTENFLÄCHE 🔲 Mittenfläche ⇒ Button ABSTAND VON SEITE 1 ⇒ VORSCHAU ⇒ FERTIGSTELLEN ⇒ ABBRECHEN

6. Ausblenden von ENTWURFSELE-MENT 1 im PathFinder:

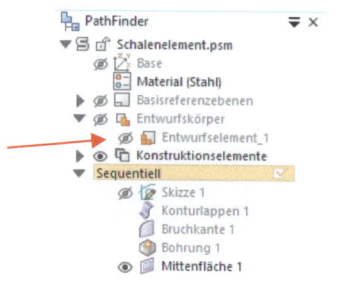

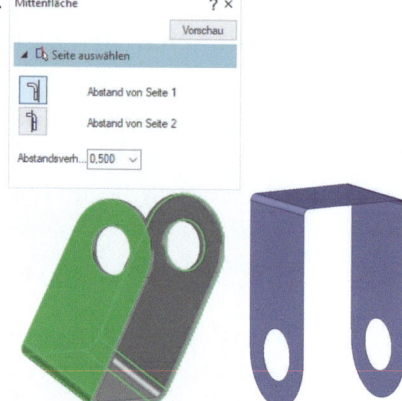

7. Button DEFINIEREN Definieren ⇒ MITTENFLÄCHE im Arbeitsbereich anklicken ⇒ Haken Akzeptieren drücken

8. Antragen einer Kraft Kraft von <500 N> an der Unterseite des U-Profils

9. Definieren einer Einspannung ⇒ FIXIERT 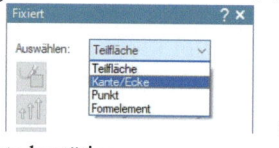 Fixiert ⇒ den Auswahlfilter auf

KANTE/ECKE umstellen ⇒ Bohrungskanten auswählen ⇒ mit ENTER-Taste bestätigen

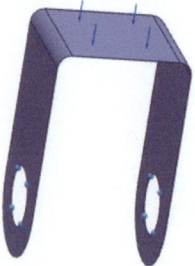

10. Button VERNETZUNG ⇒ Stufe 10 ⇒ VERNETZUNG UND BERECHNEN

Hinweis: Bei der 2D-Vernetzung werden keine Tetraeder mehr genutzt, sondern Vierecke als Schalenelement.

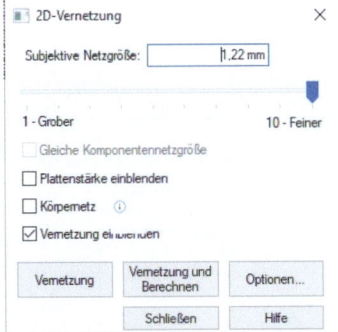

11. Es kann das Postprocessing analog zum Silo erfolgen.

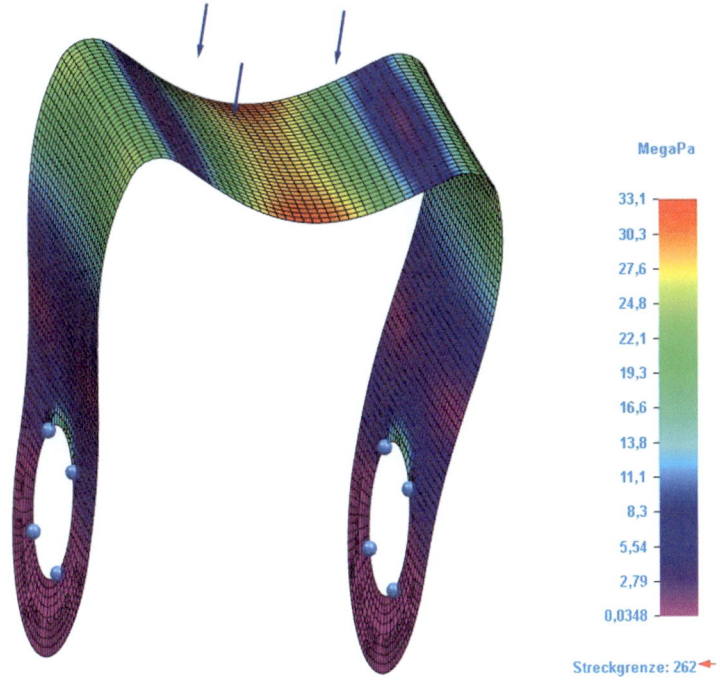

12. Button SIMULATIONSERGEBNISSE SCHLIEßEN

12.7 Temperaturmessung mit FEM

Kolben in Verbrennungsmotoren sind hohen Temperaturbelastungen ausgesetzt. In diesem Abschnitt wird gezeigt, wie die Temperaturmessung mit FEM erfolgt.

1. Freies Modellieren des Kolbens für die FEM-Analyse mit Hilfe folgender Technischer Zeichnung:

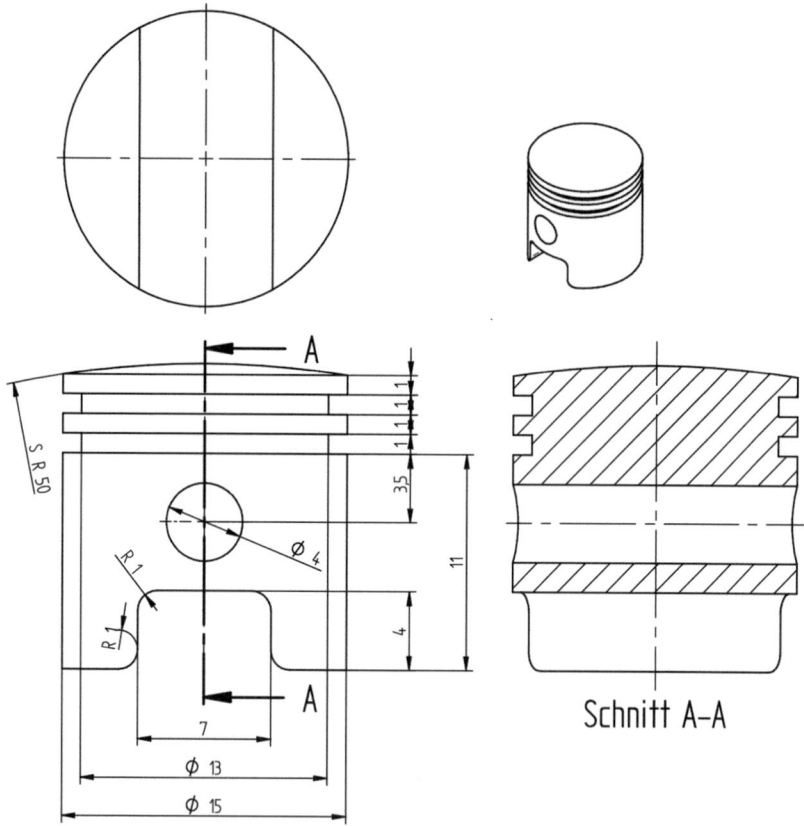

Schnitt A-A

2. Vergeben des Materials über Menüleiste DATEN-MANAGEMENT ⇒ Gruppe EIGENSCHAFTEN ⇒ EIGENSCHAFTEN ⇒ Button ÄNDERN ⇒ Aufklappen der Gruppe MATERIALS-DIN ⇒ Auswählen der Aluminiumlegierung <Aluminiumlegierung, 3.0505 , AIMn0.5Mg0.6, EN-AW3105>:

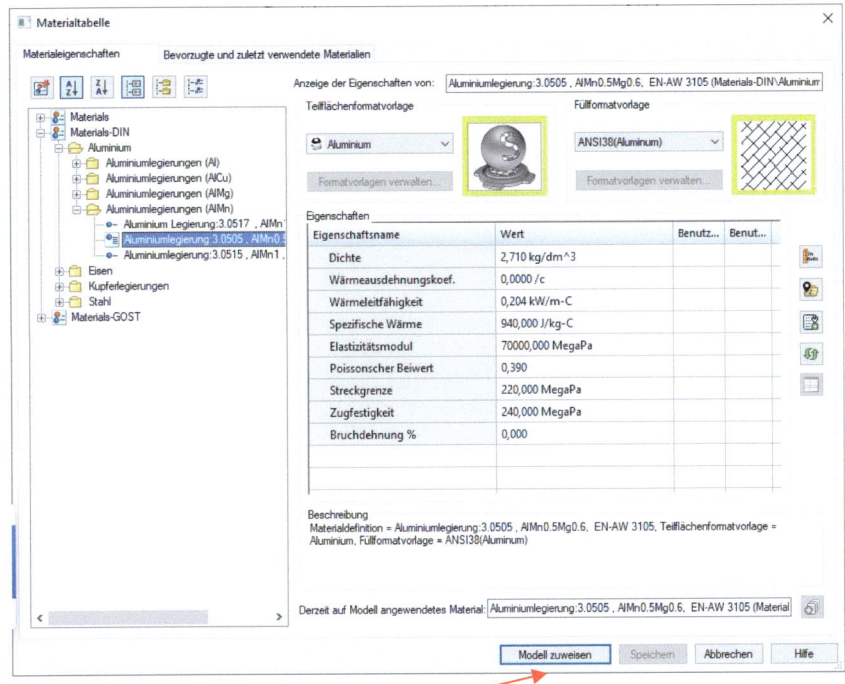

3. Button MODELL ZUWEISEN ⇒ SCHLIEßEN

4. Einstellen der Menüleiste SIMULATION

Neue
Berechnung

5. Gruppe NEUE BERECHNUNG ⇒ Einstellen <STATIONÄRER WÄRMEAUSTAUSCH + LINEAR STATISCH> bei Berechnungstyp:

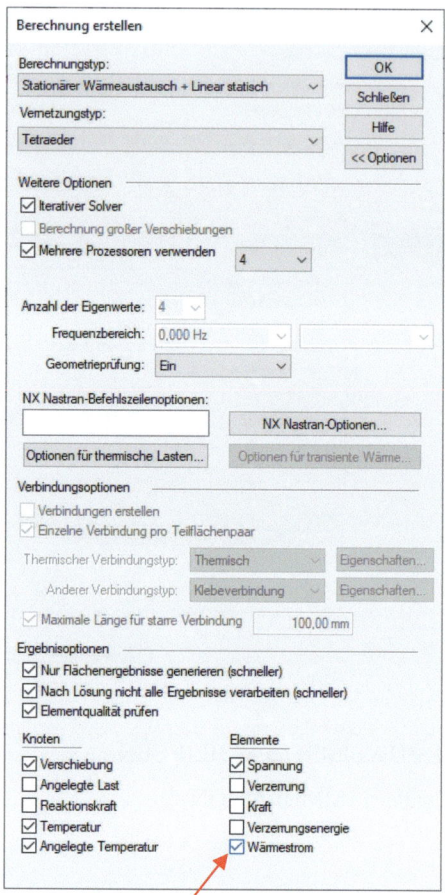

6. Setzen des Häkchens bei Wärmestrom ⇒ OK

7. Button DEFINIEREN Definieren ⇒ Festlegen der Körpergeometrie durch Auswählen des Körpers und akzeptieren

8. Festlegen der Körpertemperatur: Gruppe KÖRPERLASTEN   Körperlasten   ⇒

    Button KÖRPERTEMPARATUR Körpertemperatur bei <20 Grad> belassen
    und ENTER-Taste drücken

9. Modell vernetzen (zuerst möglichst grob, da geringerer Rechenaufwand, um zu testen, ob diese Vorgehensweise funktioniert) in Gruppe VERNETZUNG ⇒ Button VERNETZUNG ⇒ SCHLIEßEN

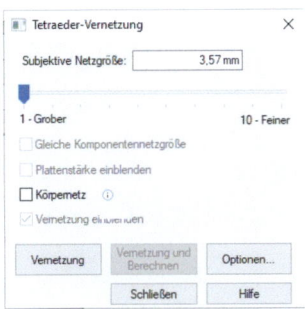

10. Einstellen der Temperatur von oben beim Zünden des Gemisches: Gruppe

THERMISCHE LASTEN ⇒ Button TEMPERATUR

⇒ Auswählen der Deckfläche ⇒ Bestätigen des Dialogs durch ENTER drücken

11. Alle Randflächen strahlen Wärme an die Umgebung ab: Gruppe THERMISCHE LASTEN ⇒ Button STRAHLUNG ⇒ Auswählen aller Flächen, welche Wärme an die Umgebung abstrahlen ⇒ Bestätigen des Dialogs durch ENTER-Taste drücken

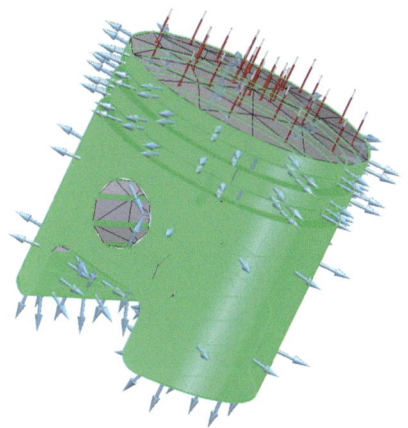

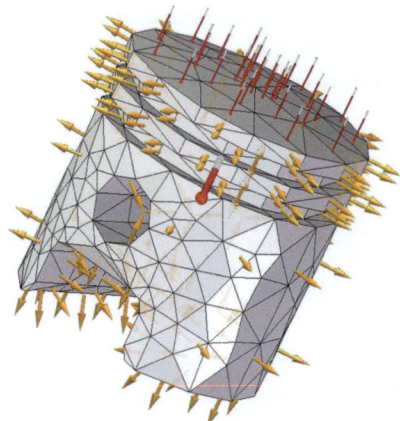

12. Anwendungsspezifisches Ändern von Strahlungsbedingungen möglich: Änderung der STRAHLUNGSOPTIONEN

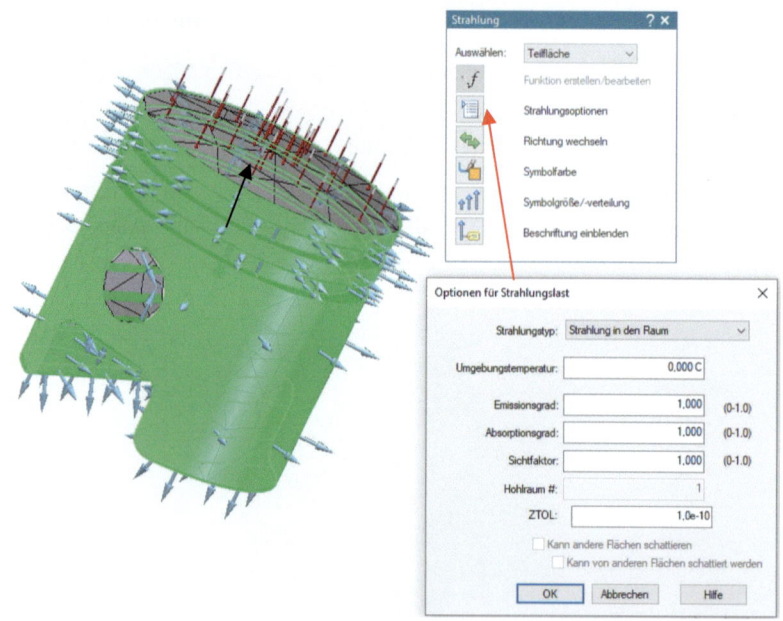

13. Festlegen anwendungsspezifischer Bedingungen: Button FIXIERT Fixiert ⇒
    In AUSWÄHLEN auf <Formelement> umstellen

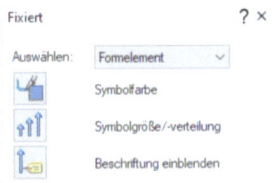

14. Grundkörper (Ausprägung 1) in PathFinder anklicken ⇒ mit ENTER bestätigen

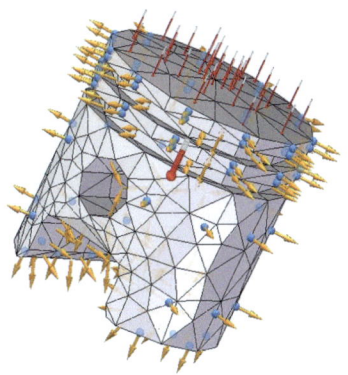

Berechnen

15. Berechnen der Ergebnisse: Gruppe LÖSEN Lösen ⇒ Button BERECHNEN

Berechnen

16. Umschalten von <Spannung> auf <Temperatur> in Gruppe DATENAUS-WAHL

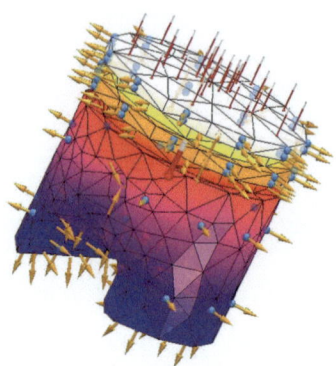

17. Möglichkeit zur Erstellung einer optisch ansprechenden Animation ⇒ Gruppe
    ANIMATION ⇒ ANIMATION

18. Button SIMULATIONSERGEBNISSE SCHLIEßEN

Hinweis: Rechts neben dem Arbeitsbereich können nachträglich nach Klicken auf
Bedingungen durch Doppelklick geändert oder mit rechter Maustaste gelöscht
werden.

12.8 Kontrollfragen

1. Was ist eine FEM-Simulation?

2. Welche Elemente stehen in Solid Edge für die Vernetzung zur Verfügung und
   wann werden diese eingesetzt?

3. Was ist bei der Auswahl der Netzgröße zu beachten?

4. Welche Vorbereitungsmaßnahmen müssen in der Konstruktionsumgebung erfolgen, um eine Simulation optimiert durchzuführen?

5. Wann kann dieses Optimierungswerkzeug sinnvoll eingesetzt werden?

6. Was ist beim Postprocessing der Ergebnisse zu beachten?

13 Topologieoptimierung (Generative Design)

In diesem Kapitel soll die Erstellung eines generativen Entwurfs am Beispiel eines Regalwinkels mit Hilfe der Topologieoptimierung behandelt werden. Damit kann Gewicht mit Angabe einer Zielmasse an einem Bauteil minimiert werden. Dazu müssen die einwirkenden Kräfte und Einspannbedingungen an einem Bauteil definiert werden. Solid Edge führt diese Topologieoptimierung auf Basis einer FEM-Berechnung durch und nutzt dafür Voxel (würfelförmige Finite Elemente). Die Größe der Voxel wird über die Einstellung der Berechnungsqualität gesteuert.

Gesamtvorgehensweise:

- Modellieren des Regalwinkels

- Festlegen der/des beizubehaltenden Bereiche(s)

- Definieren der einwirkenden Kräfte

- Festlegen der Fixierung des Bauteils im Raum

- Festlegen der Berechnungsqualität und Zielmasse

- Überprüfen und Optimieren des Ergebnisses

13.1 Modellieren des Regalwinkels

1. Modellieren des Regalwinkels aus symmetrischer Extrusion

2. Zuweisen des Materials \<Aluminium, 1060\> ⇒ Gewicht beträgt 1,107 kg

3. Ändern der Einheit \<mN\> in \<N\> in den EINSTELLUNGEN ⇒ OPTIONEN

4. Abspeichern des Regalwinkels unter \<Regalwinkel.par\>

© Der/die Autor(en), exklusiv lizenziert an
Springer Fachmedien Wiesbaden GmbH, ein Teil von Springer Nature 2026
M. Schabacker, *Solid Edge 2025 für Fortgeschrittene – kurz und bündig*,
https://doi.org/10.1007/978-3-658-49845-0_13

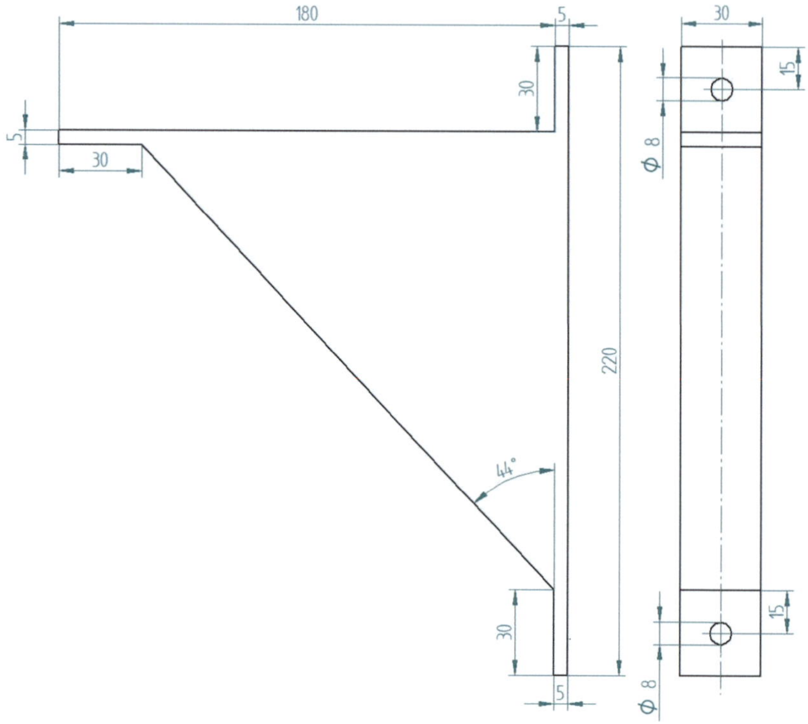

13.2 Festlegen der/des beizubehaltenden Bereiche(s)

1. Menüleiste   GENERATIVER
   ENTWURF   ⇒   in   Gruppe
   GENERATIVE   BERECHNUNG
    Generative Berechnung erstellen
   einstellen

2. Gruppe   GEOMETRIE   ⇒
   ENTWURFSBEREICH

   Entwurfsbereich ⇒ Regalwinkel wird
   grün   angezeigt   ⇒   Button
   AKZEPTIEREN ✅ Akzeptieren drücken

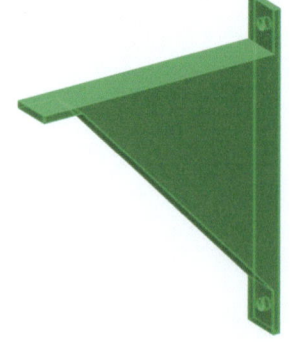

3. Gruppe   GEOMETRIE   ⇒   Button
   BEREICH   BEIBEHALTEN

Bereich
beibehalten)⇒ betreffende Flächen
anklicken, in Abstand <3 mm> eingeben und mit Return bestätigen

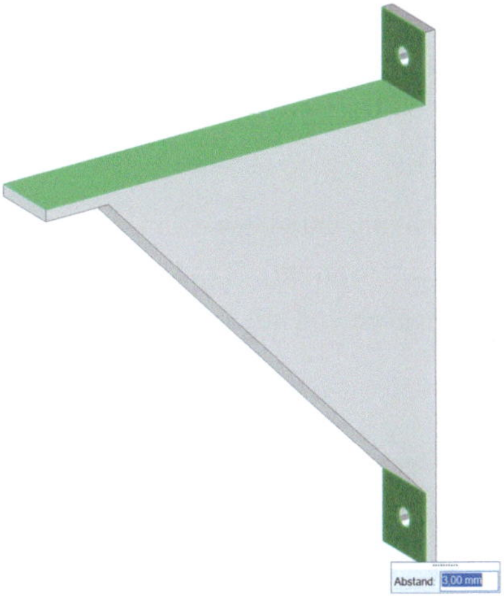

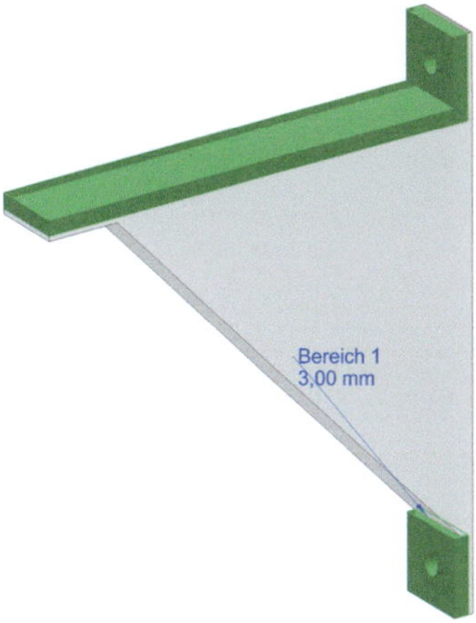

13.3 Definieren der einwirkenden Kräfte

1. In Gruppe LASTEN Button KRAFT

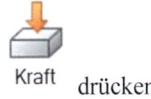

Kraft   drücken

2. Fläche wie dargestellt anklicken

3. Ggf. Pfeilrichtung in Button
   RICHTUNG WECHSELN .

    Richtung wechseln

   deren
   Richtung umdrehen

4. Wert <300 N>, Abstand <3 mm>
   eingeben und mit Return bestätigen

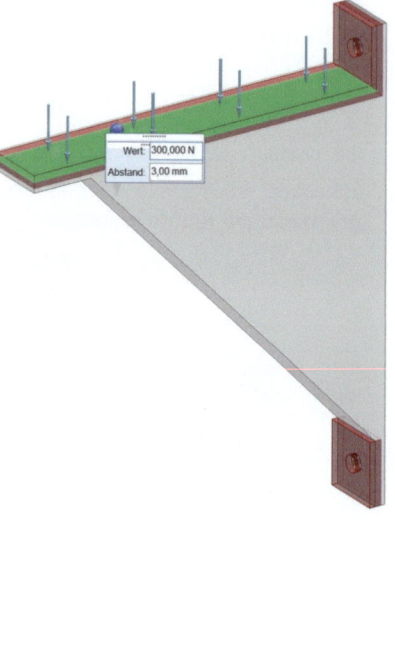

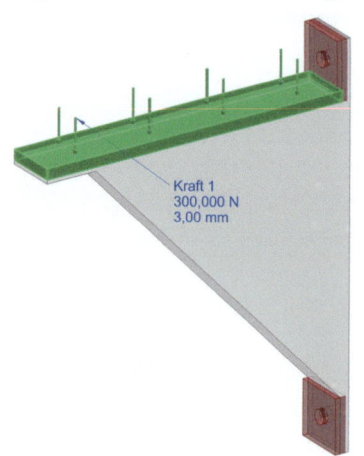

13.4 Festlegen der Fixierung des Bauteils im Raum

1. In Gruppe BEDINGUNGEN Button

   FIXIERT Fixiert drücken

2. Die zwei Bohrungen wie dargestellt
   anklicken

3. Abstand <3 mm> eingeben und mit
   Return bestätigen ⇒ damit wird ge-
   währleistet, dass der Bereich um die
   beiden Bohrungen erhalten bleibt

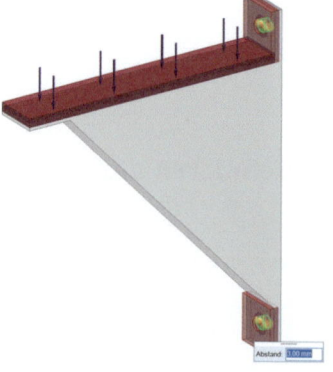

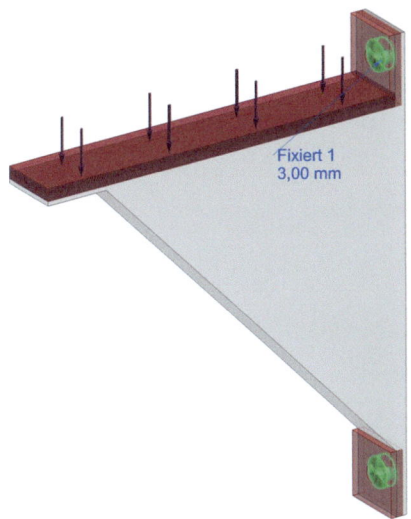

13.5 Festlegen der Berechnungsqualität und Zielmasse

1. In Gruppe BERECHNEN Button BERECHNEN Berechnen drücken
2. Berechnungsqualität <5> einstellen
3. Zielmasse auf <50%> einstellen

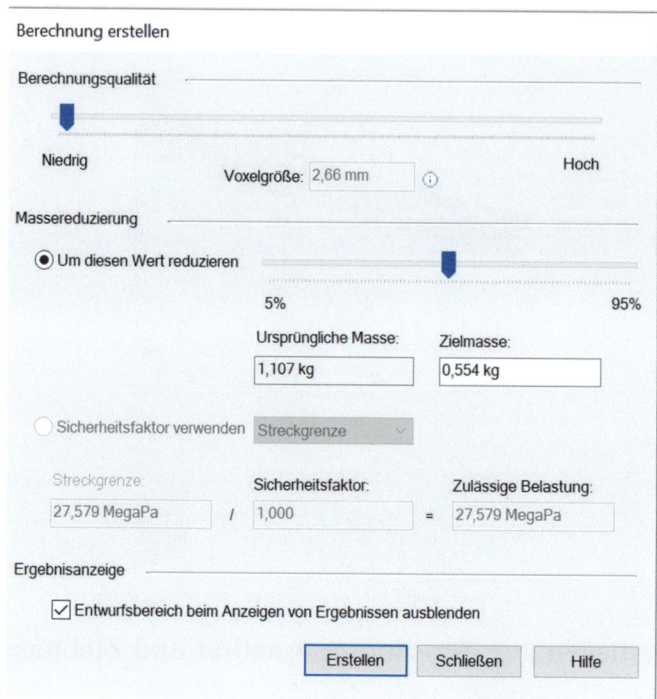

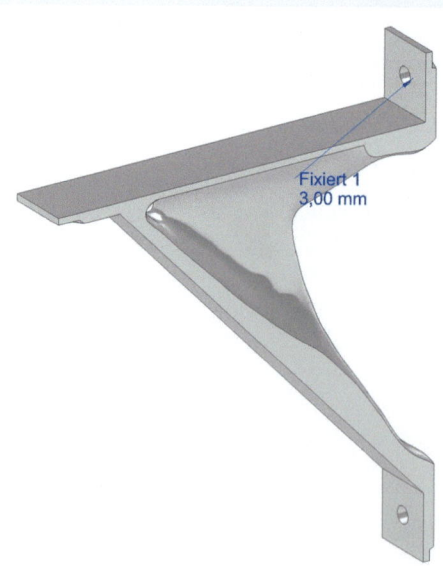

13.6 Überprüfen und Optimieren des Ergebnisses

Auf der Rückseite kann es zu unschönen Ergebnissen kommen:

Daher ist es besser, den in Abschnitt 13.2 angeklickten beizubehaltenden Bereich in drei einzelne Bereiche aufzuteilen, in dem der ursprüngliche Bereich rechts neben dem Arbeitsbereich in Beibehaltungsbereiche mit der rechten Maustaste gelöscht wird:

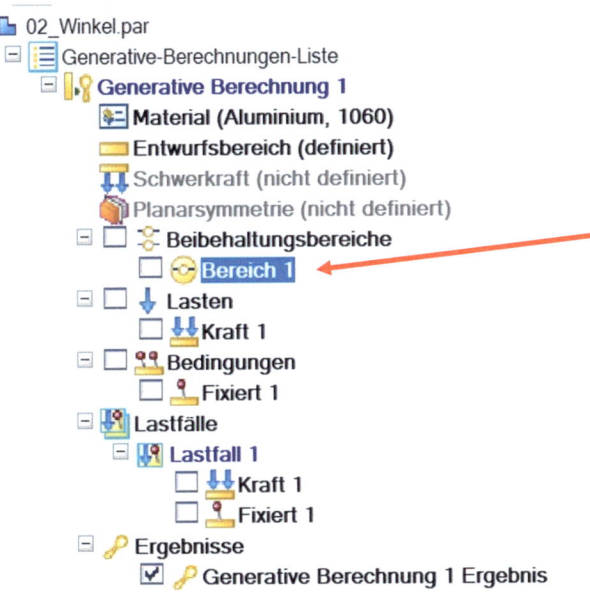

Nachträglich werden die drei Bereiche einzeln neu erzeugt, jeweils mit <5 mm> Abstand. Dort können auch alle anderen Werte für Kräfte, Abstände etc. geändert werden.

Anschließend wird eine neue Berechnung mit der gleichen Berechnungsqualität und Zielmassenreduktion durchgeführt:

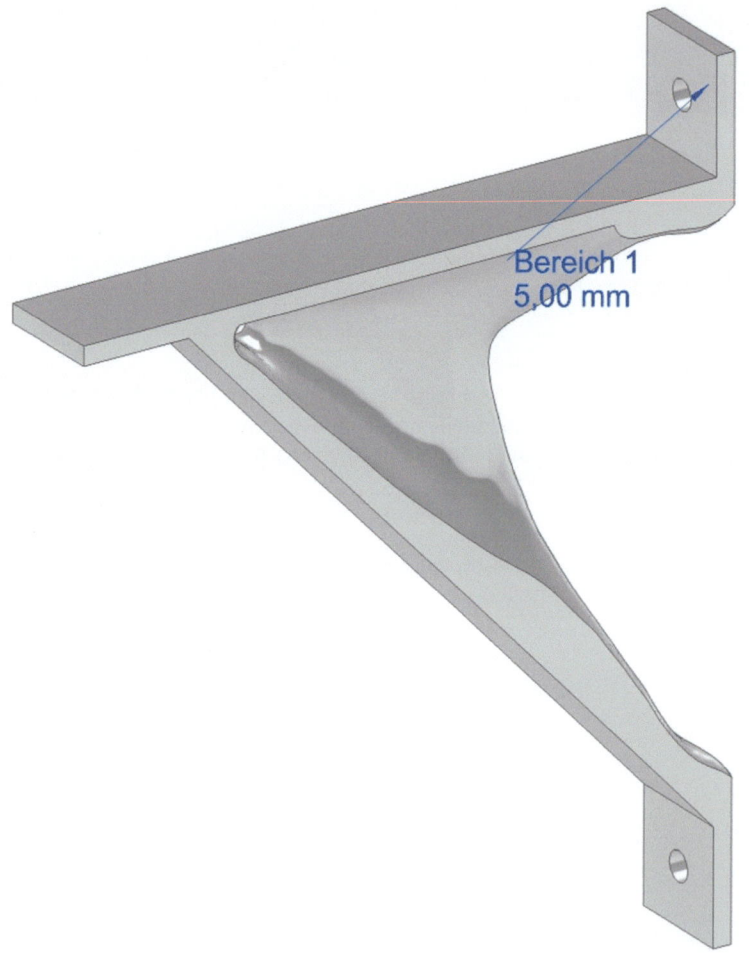

Die beiden Bohrungen in dem beizubehaltendem Bereich) bleiben bei <5 mm>, der dritte beizubehaltende Bereich der Auflagefläche des Regalwinkels erhält den Wert <2mm>. Berechnungsqualität <30> und Zielmasse mit Reduktion auf <80%> führen zu folgendem Ergebnis:

In Gruppe BERECHNEN ⇒ Button [Spannung anzeigen] kann die Spannung des Bauteils angezeigt werden:

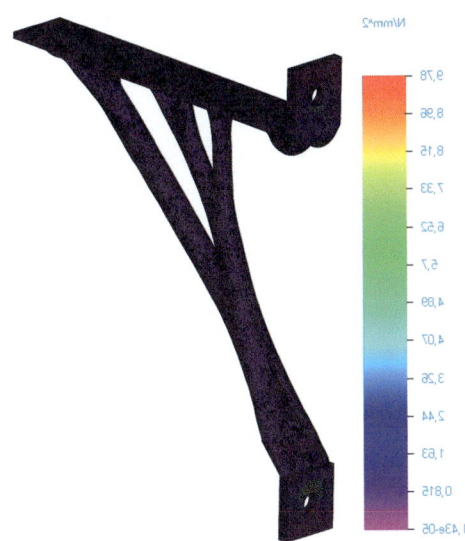

Beim Zoomen an die Bohrungen ist nur an der unteren Bohrung der Halterung des Regalwinkels zu überprüfen, ob konstruktiv etwas angepasst werden muss:

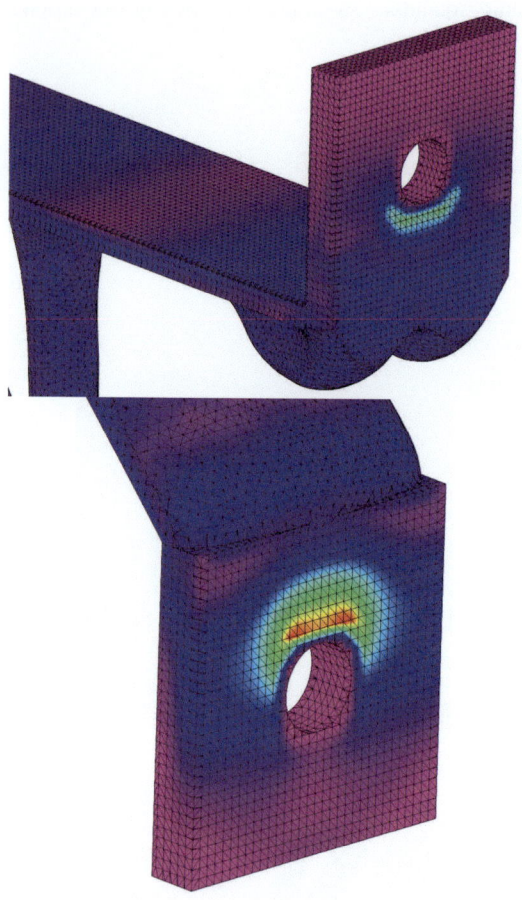

13.7 Kontrollfragen

1. Wie kann der Hebel des Drosselventils aus [Scha-2025] bzgl. Gewicht optimiert werden?

2. Welche Möglichkeit gibt es für den Lagerbock aus Kapitel 1, ihn bzgl. Gewicht zu optimieren?

14 Explosion – Rendern – Animation (ERA)

In diesem Kapitel soll die Funktion ERA behandelt werden. Mithilfe dieser Funktion können Explosionsdarstellungen erzeugt werden. Das Rendern von CAD-Modellen findet in dem separaten Werkzeug KeyShot statt. Des Weiteren können in der ERA-Umgebung Kamerapfade erstellt und in einer Animation abgespeichert werden.

14.1 Erstellen einer Explosionsansicht

5. Öffnen der Baugruppe <Drosselventil.asm> [Scha-2025] oder Herunterladen unter *http://www.bapm.de/solidedge/drosselventil.zip*

6. Erstellen eines Drehmotors auf der Welle [Scha-2025] Abschnitt 5.11, hierzu ggf. die Beziehung des Hebels an der Welle ausrichten, damit sich dieser mit dreht, und Unterdrücken der Winkelbeziehung der Welle

7. Menüleiste EXTRAS ⇒ Gruppe UMGEBUNGEN ⇒ Button ERA anklicken

8. Menüleiste HOME ⇒ Gruppe EXPLOSION ⇒ AUTOMATISCHE EXPLOSION

9. Auswählen: OBERSTE BAUGRUPPENEBENE ⇒ mit Haken ✅ bestätigen ⇒ Button AUTOMATISCHE AUSDEHNUNG aktiviert lassen ⇒ Button EXPLOSION ⇒ FERTIG STELLEN ⇒ ABBRECHEN

© Der/die Autor(en), exklusiv lizenziert an
Springer Fachmedien Wiesbaden GmbH, ein Teil von Springer Nature 2026
M. Schabacker, *Solid Edge 2025 für Fortgeschrittene – kurz und bündig*,
https://doi.org/10.1007/978-3-658-49845-0_14

10. Durch Aktivieren vom EXPLO-
SIONS-PATHFINDER in Menüleiste
ANSICHT ⇒ FENSTERBEREICHE

⇒ [Explosions-PathFinder icon] Explosions-PathFinder
                        und an-
klicken eines Bauteils im Arbeitsbereich kann der Abstand verändert
werden ⇒ z. B. Anklicken der Ven-
tilplatte ⇒ Abstand <50 mm>

Alternativ: Menüleiste HOME ⇒
Gruppe ÄNDERN ⇒ KOMPONEN-
TE ZIEHEN ⇒ Komponente aus-
wählen ⇒ Achse zum Ziehen ankli-
cken ⇒ Bauteil ziehen ⇒ Button
AUSWÄHLEN

11. Gruppe KONFIGURATIONEN ⇒
ANZEIGEKONFIGURATIONEN

[icon] ⇒ Button NEU ⇒ Name: <Ex-
plosion, Solid Edge> ⇒ OK

12. Häkchen setzen bei <Explosion, Solid
Edge> ⇒ Button ÜBERNEHMEN ⇒
SCHLIEßEN

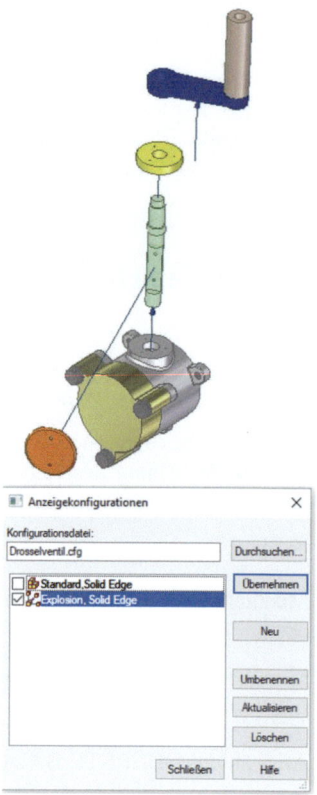

Hinweis: Wird die ERA-Umgebung geschlossen, wird die Explosionsdarstellung
geschlossen. Nach erneutem Starten der ERA-Umgebung kann unter der Gruppe
KONFIGURATIONEN <EXPLOSION, SOLID EDGE> [Explosion,Solid Edge ▼] [icon]
ausgewählt werden, so dass die Explosionsdarstellung wieder sichtbar wird.

14.2 Rendern von Bildern mit KeyShot

Mit der Installation von Solid Edge wird automatisch die Software KeyShot mit in-
stalliert. Hierbei handelt es sich um eine Software zum Rendern von Bildern und
Animationen. In der vorliegenden Version ist nur das Erstellen von Bildern möglich, Animationen werden in Solid Edge erstellt. Das Werkzeug zum Erstellen von
Animationen innerhalb von KeyShot ist gesperrt. Anhand der Baugruppe <Dros-
selventil.asm> aus dem Einsteigerbuch soll gezeigt werden, wie aus einem CAD-
Modell ein hochwertiges fotorealistisches Bild entstehen kann.

14.2.1 Benutzungsoberfläche von KeyShot

14.2.2 Erstellen einer Szene in KeyShot

1. Unter der Gruppe KONFIGURATIONEN <STANDARD, SOLID EDGE> Standard,Solid Edge einstellen, so dass die Explosionsdarstellung nicht sichtbar ist

2. Menüleiste EXTRAS ⇒ Gruppe KEYSHOT ⇒ KEYSHOT-RENDER ⇒ Willkommenstext lesen ⇒ Button ABSCHLIEßEN ⇒ Die Baugruppe wird nun in KeyShot geladen und KeyShot öffnet sich.

3. Mit gedrückter linker Maustaste kann die Szene gedreht werden. Mit gedrücktem Mausrad kann die Szene verschoben werden.

4. Button PERSPEKTIVE 200,0 unter der Menüleiste, um die Perspektive auf <200> einzustellen

5. Einstellen der Bildauflösung: Menüleiste BILD ⇒ AUFLÖSUNG VOREINSTELLUNGEN ⇒ QUERFORMAT ⇒ <1920 x 1080> einstellen

6. KeyShot übernimmt nicht immer die richtigen Farben aus Solid Edge. Mit Hilfe der Bibliothek MATERIALIEN können eine Vielzahl verschiedener Farben

und Materialien vergeben werden ⇒ Zuweisen des Materials <PAINT MATTE RED> ⇒ Material in Biliothek auswählen und mit gedrückter Maustaste auf den Blindflansch ziehen

Hinweis: Ist ein Bauteil mehrmals verbaut, so erhalten alle Teile das gleiche Material, wie z. B. die Schrauben mit <TITANIUM POLISHED>.

7. An Gehäuse Vergeben des Materials <ZINC ROUGH> an das Gehäuse

8. Vergeben des Materials <HARD SHINEY PLASTIC GREEN #1> an den Deckel

9. Vergeben des Materials <HARD CLOUDY ROUGH PLASTIC BLUE 3mm #1> an den Hebel

10. In der Bibliothek kann unter UMGEBUNG aus verschiedenen Beleuchtungs-szenarien ausgewählt werden. Diese kann im Reiter Projekt unter BELEUCH-TUNG nochmals manuell angepasst werden ⇒ durch Ziehen der Umgebung <ALL WHITE> auf den Hintergrund wird dieser selektiert

11. In der Bibliothek unter Hintergrund stehen verschiedene Hintergründe für die Szene zur Verfügung.

Rendern der Szene mit dem Button RENDERN ⊡ Rendern am unteren Bildschirmrand ⇒ Ausgabepfad, Auflösung <1920 x 1080>, Format <TIFF> definieren, ALPHAKANAL EINBEZIEHEN aktivieren ⇒ Optionen wie dargestellt übernehmen, hiermit kann die finale Bildqualität bestimmt werden

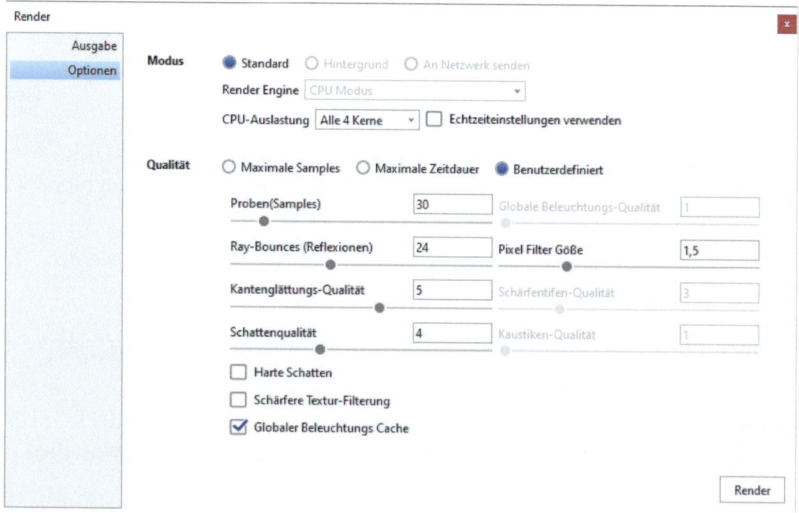

Hinweis: Durch eine Steigerung der Qualität nimmt die Rechendauer stark zu.

12. Button RENDER ⇒ dies kann je nach der zur Verfügung stehenden Rechenleistung einige Minuten dauern

13. Nach Fertigstellung in dem neu geöffneten Fenster in der Menüleiste unter dem Diskettensymbol 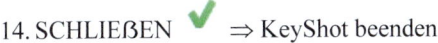 das gerenderte Bild abspeichern

14. SCHLIEßEN ✔ ⇒ KeyShot beenden

14.3 Erstellen einer Animation

4. Menüleiste HOME ⇒ in Gruppe KONFIGURATIONEN <EXPLOSION, SOLID EDGE> Explosion,Solid Edge ▾ 🔡 einstellen

5. Gruppe ANIMATION ⇒ ANIMATIONSEDITOR Animationseditor

6. Button ANMIATIONSEIGENSCHAFT im Animationsfenster unten ⇒ Bilder pro Sekunde <30> ⇒ Animationslänge <12> Sekunden ⇒ OK

7. Rechtsklick auf EXPLOSION ⇒ DEFINITION BEARBEITEN ⇒ Di-

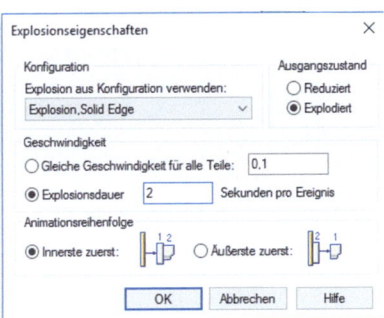

alogfeld einstellen ⇒ OK ⇒ Explosion wird in der Zeitleiste eingestellt

8. Rechtsklick auf MOTOREN ⇒ DEFINITION BEARBEITEN ⇒ DREHUNG hinzufügen ⇒ Radiobutton links oben auf KEINE ANALYSE ⇒ Standard-Motordauer: <12> Sekunden

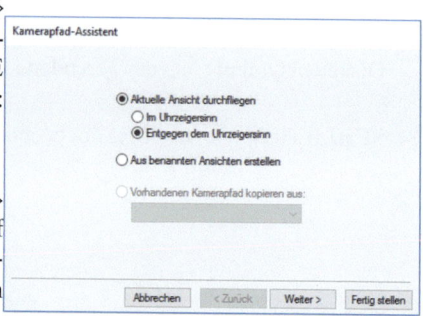

9. Button KAMERAPFAD ⇒ Einstellen des Radio-Button auf ENTGEGEN DEM UHRZEIGERSINN ⇒ Button WEITER ⇒ Button VORSCHAU ⇒ PLAY-Taste drücken ⇒ FERTIG STELLEN (damit wird ein Kamerapfad mit Eigenpunkten erstellt)

10. Rechtsklick auf KAMERAPFAD unter KAMERA ⇒ DEFINITION BEARBEITEN ⇒ in ◢ ⟨ Pfad zeichnen ⇒ im Arbeitsbereich erscheint eine Sprechblase mit Namen KAMERAVORSCHAU, unter PFAD ZEICHNEN erscheinen ein paar Einstellungsmöglichkeiten: Icon OFFENER PFAD auswählen, die Eigenpunkte können im Arbeitsbereich bearbeitet werden und werden über die blauen Pfeile angesteuert ⇒ Pfad nach Wunsch erstellen ⇒ mit Haken bestätigen ⇒ FERTIG STELLEN

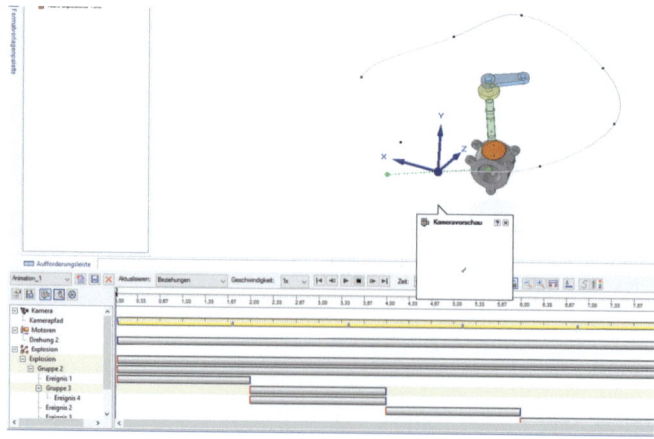

11. Abspielen der Animation

12. Abspeichern der Animation als Film mit Button ALS FILM SPEICHERN

ERA
schließen

13. Menüleiste HOME ⇒ Button ERA SCHLIEßEN Schließen

14. Speichern und Schließen der Baugruppe

> **Hinweis:** Sollte bei erneutem Aufrufen der ERA-Umgebung nach Drücken des Buttons ANIMATIONSEDITOR keine Explosionsdarstellung zu sehen sein, muss vorher unter Gruppe KONFIGURATIONEN erneut die <Explosionskonfiguration> mit einem Häkchen versehen werden und danach der Button ANIMATIONSEDITOR gedrückt werden, so dass die vorigen Einstellungen sichtbar werden.

14.4 Kontrollfragen

1. Welche Funktionen stehen in der Funktion ERA zur Verfügung?

2. Welche Möglichkeiten bestehen, eine Explosionsdarstellung zu beeinflussen?

3. Wie können Kamerapfade bei einer Animation gestaltet werden?

4. Wie können Änderungen, die in Solid Edge vorgenommen werden, direkt in die KeyShot-Szene übernommen werden, ohne diese neu aufzubauen?

5. Welchen Einfluss haben die Einstellungen der Qualität auf das Endergebnis?

Literaturverzeichnis

[Scha-2025]   Schabacker, M.: Solid Edge 2025 für Einsteiger – kurz und bündig, 10. Auflage, Springer Vieweg, 2025

[UniS-2000]   Unigraphics Solutions: Benutzerhandbuch Einführung in Solid Edge™, Version 9, 2000

[VWZH-2018]   Vajna, S.; Weber, Chr.; Zeman, K., Hehenberger, P., Gerhard, D., Wartzack, S.: CAx für Ingenieure, eine praxisbezogene Einführung, 3. Auflage, Springer-Verlag Berlin Heidelberg, 2018

[Wüns-2015]   Wünsch, A.: NX 10 für Fortgeschrittene – kurz und bündig (Hrsg. Sándor Vajna), Springer Vieweg, 2015

Musterlösungen

Lösungen zu Kontrollfragen in Kapitel 2

zu 1. Unter Registerkarte PRÜFEN ⇒ EIGENSCHAFTEN ⇒ ÄNDERN ⇒ unter der Reiterkarte BLECHTAFELEIGENSCHAFTEN können Materialstärke und Biegeradius eingegeben werden. Bestätigen durch MODELL ZUWEISEN.

zu 2. Mit einem Lappen konstruiert man an eine fertige Lasche einen einfachen 90 °-Lappen. Das Profil dieses Lappens kann nun verändert werden (s. 2.3.3). Ein Konturlappen kann ebenfalls aus einer Lasche konstruiert werden und zwar entlang einer Kantenkette, z. B. L-förmig in den Raum (s. 2.2.3).

zu 3. Das vorgegebene Profil (der Umriss des Lappens) darf nicht gelöscht werden. Unter Einbeziehung des vorgegebenen Profils wird das neue Profil eingezeichnet und abschließend die nicht benötigten Linien getrimmt. Wurde das vorgegebene Profil dennoch gelöscht und der Profilfehlerassistent erscheint, kann der Fehler durch Drücken des Buttons ALLE RÜCKGÄNGIG bereinigt werden.

zu 4. MATERIAL INNEN positioniert die Materialstärke des Lappens auf der Innenseite der Profilebene, die Gesamtbreite des Teils bleibt gleich.

MATERIAL AUßEN positioniert die Materialstärke des Lappens auf der Außenseite der Profilebene, die Gesamtbreite nimmt um die zweifache Materialstärke zu.

zu 5. Damit nach dem Spiegeln des Lappens und der Bohrung die gleiche Breite von 50 mm erhalten bleibt (da das Rechteck laut Zeichnung schon mit 50 mm skizziert wurde), muss nach dem Selektieren einer der oberen Längskanten der Button MATERIAL INNEN aktiviert werden.

zu 6. Einfacher ist es, eine separate vollständig bestimmte Skizze zu erzeugen. Nach Drücken des Button KONTURLAPPEN kann man AUS SKIZZE WÄHLEN die Skizze anklicken und sofort den Button BIS ZUM ENDE einstellen.

zu 7. In einer separaten vollständig bestimmten Skizze werden die beiden Linien der zuvor beschriebenen Modellierung des Konturlappens und eine weitere Linie für die Hälfte der Lasche erzeugt. Danach wird im Dialog KONTURLAPPEN mit AUS SKIZZE WÄHLEN die drei Linien angeklickt und bestätigt. Nach Bestätigung der Seite mittels des roten Pfeiles, auf der der Konturlappen erzeugt wird, befindet sich rechts neben der Eingabe der

© Der/die Herausgeber bzw. der/die Autor(en), exklusiv lizenziert an
Springer Fachmedien Wiesbaden GmbH, ein Teil von Springer Nature 2026
M. Schabacker, *Solid Edge 2025 für Fortgeschrittene – kurz und bündig*,
https://doi.org/10.1007/978-3-658-49845-0

Länge des Konturlappens der Button KONTURLAPPEN – SYMMETRISCHES ABMAß. Es empfiehlt sich, diesen anzuklicken, so dass der Konturlappen in beide Richtungen aus der Skizze erzeugt wird. Dies macht das spätere Modellieren der Bohrungen einfacher, weil die eine an der Achse und die andere am Koordinatenursprung platziert werden können. Da bisher nur die Hälfte des Oberteils vorliegt, sollte das bisher erstellte für das komplette Oberteil gespiegelt werden.

zu 8. Die Blechtafel zeigt die Standardstärke von Blechen eines bestimmten Materials an. Dazu gehören die Materialstärke, der Biegeradius und die Ausklinkungsbreite. Für die Einstellung der Blechtafelwerte in ANWENDUNGSSCHALTFLÄCHE ⇒ EIGENSCHAFTEN ⇒ MATERIALTABELLE ⇒ Reiterkarte BLECHTAFELEIGENSCHAFTEN können entweder beim PopUp-Menü BLECHTAFEL bis 4 mm ausgewählt oder in den betreffenden Feldern die Werte manuell eingetragen werden. **Hinweis:** Die Ausklinkungstiefe gehört allerdings nicht zu den Blechtafelwerten. Daher steht diese bei 0 mm. Es empfiehlt sich, z. B. im Dialog LAPPEN in den Optionen das Häkchen bei STANDARDWERT VERWENDEN zu entfernen und den für dieses Feature spezifischen Wert einzutragen.

zu 9. Ja, Biegeradien wie auch Ausklinkungsbreite können individuell beim Verwenden dieser Features eingestellt werden. Es empfiehlt sich, in den jeweiligen Optionen das Häkchen bei STANDARDWERT VERWENDEN zu entfernen und den für dieses Feature spezifischen Wert einzutragen.

Lösungen zu Kontrollfragen in Kapitel 3

zu 1. Bei einer DIN Metrischen Schweißkonstruktion sind alle Formelemente zum Einfügen von Schweißnähten sofort frei geschaltet.

zu 2. Mit Hilfe der Operationen im Dialogfeld zu den Fugennahtoptionen lassen sich mehrere Profile von Schweißnähten hinterlegen.

zu 3. Die Oberflächenangaben erfolgen im Eingabefeld J.

zu 4. Es muss darauf geachtet werden, dass sowohl bei der Basisfläche als auch bei der Zielfläche der Naht die Pfadauswahl an der oberen sowie unteren Kante der Fuge richtig erfolgt.

zu 5. Menüleiste ANSICHT ⇒ Gruppe FORMATVORLAGE ⇒ Button FARBMANAGER ⇒ die Darstellung unter SCHWEIßNÄHTE ändern.

Zu 6. Um Bauteile mit einer Kehlnaht zusammenzufügen, müssen keine besonderen konstruktiven Maßnahmen getroffen werden. Sollen Körper mit einem Stumpfstoß und einer Fugennaht zusammengefügt werden, ist darauf zu achten, konstruktiv an den Verbindungsstellen eine Fase vorzusehen.

Zu 7. Ja, seit dieser Version ist dies möglich. Unter den B-REP-Operationen wie

geführte Ausprägung können die Schweißfunktionen genutzt werden und funktionieren wie in der Zusammenbauumgebung der Schweißkonstruktion. Es muss also nicht mehr ein Einzelteil (wie das in Abschnitt 3.7 dargestellte Rohr) in diese Zusammenbauumgebung eingefügt werden, um Schweißnähte erzeugen zu können.

Lösungen zu Kontrollfragen in Kapitel 4

zu 1. Es muss deswegen darauf geachtet werden, dass der Anfangspunkt als Polygon am äußeren Rand auf der gleichen Seite angezeigt wird, da sonst die Fläche eine „Verwirbelung" bekommt und unter Umständen auch nicht berechnet werden kann.

zu 2. Man kann auch auf der anderen Seite am äußeren Rand die Punkte nehmen, verfährt aber aus den gleichen Gründen wie in Antwort 1.

zu 3. Unter Pfade werden Führungskurven (Leitkurven) verstanden, unter Querschnitte einzelne verbundene Kurven oder geschlossene Kurvenzüge.

zu 4. Es können maximal drei Führungskurven (Pfade) erstellt werden. Hat man nur eine erzeugt, sollte man nicht vergessen, den Button NÄCHSTE zu drücken, um die Querschnitte bestimmen zu können.

zu 5. Das Erzeugen einer geführten Fläche hat den gleichen Dialog der Vorgehensweise wie die geführte Extrusion (in vorigen Solid Edge-Versionen die sogenannte geführte Ausprägung) zum Erzeugen eines Volumenkörpers. In beiden Dialogen wird der Titel „Optionen für geführte Ausprägung" verwendet. Die geführte Extrusion (Ausprägung) ist in der Gruppe VOLUMENKÖRPER ⇒ HINZUFÜGEN ⇒ GEFÜHRT zu finden.

zu 6. Hierzu gibt es zwei Möglichkeiten: Erzeugen einer geführten Extrusion (Ausprägung) oder Erzeugen eines Übergangs für eine Übergangsausprägung. Zum Erzeugen einer geführten Extrusion werden mindestens eine Eigenpunktkurve bzw. drei maximale Eigenpunktkurven für die Führungskurven benötigt. Bei dem Erstellen der Eigenpunktkurven ist darauf zu achten, dass man die Rechteckpunkte und den Quadrantenpunkt des Kreises auf der gleichen Seite der Querschnitte (von oben aus betrachtet) verbindet, um einen guten Übergang von erstem Rechteck zu Kreis und Kreis zu zweitem Rechteck für den Volumenkörper zu erzielen. Wählt man z. B. einen gegenüberliegenden Punkt des Quadrantenpunktes des Kreises aus, tritt eine Verwirbelung des Volumenkörpers auf. Möchte man diesen Effekt nicht haben, wählt man die zweite Möglichkeit des Erzeugens eines Übergangs. Hier ist keine separate Erstellung von Eigenpunktkurven notwendig, da während des Dialogs in der Gruppe VOLUMENKÖRPER ⇒ HINZUFÜGEN ⇒ ÜBERGANG beim Anklicken des dritten Querschnitts die Führungskurve angezeigt und nach Drücken des Button VORSCHAU der Volumenkörper erzeugt wird.

zu 7. Gegeben ist ein Kreis mit Durchmesser 4 mm und eine beliebig lang geformte Eigenpunktkurve (Führungskurve) für den Wasserschlauch. Bei der ersten Möglichkeit wird eine geführte Fläche erzeugt. Um die Wandstärke von 2 mm zu erfüllen, verstärkt man in der Gruppe VOLUMENKÖRPER ⇒ HINZUFÜGEN ⇒ VERSTÄRKEN die Fläche zu einem Volumenkörper mit 2 mm Wandstärke. Wenn man stattdessen eine geführte Extrusion erzeugt, hat man gleich einen Volumenkörper erstellt und erreicht die Wandstärke von 2 mm mit Hilfe der Dünnwand in der Gruppe VOLUMEN-KÖRPER ⇒ DÜNNWAND ⇒ DÜNNWAND.

Lösungen zu Kontrollfragen in Kapitel 5

zu 1. Rohre können sowohl mit einer automatischen Rohrführung erstellt werden als auch mit einer manuellen Rohrführung.

zu 2. Mit der automatischen Rohrführung können auch aufwendigere Rohrsysteme sehr zügig erstellt werden. Die manuelle Rohrführung erlaubt allerdings eine wesentlich einfachere Kontrolle über den Rohrpfad.

zu 3. Bei einer automatischen Rohrpfaderstellung können mit dem Button NÄCHSTE die einzelnen Rohrpfade, die Solid Edge errechnet hat, anzeigen lassen und den besten auswählen. Eine weitere Möglichkeit besteht darin, einzelne Segmente der Rohre mit dem Button LINIENSEGMENT VERSCHIEBEN so in den Raum zu verschieben, dass ein optimaler Pfad kreiert wird. Bei einer manuellen Rohrpfaderstellung können die einzelnen Pfadsegmente bereits zu Anfang nach Wunsch festgelegt werden.

Zu 4. Nein, die jeweiligen Rohrenden können mit einer Aufweitung versehen werden. Diese findet immer dann Anwendung, wenn das Rohr auf einem breiteren Flansch montiert werden soll.

Zu 5. Von Baugruppen, in denen die Funktion XpresRoute zur Anwendung kommt, kann keine Baugruppenfamilie mehr erstellt werden.

Lösungen zu Kontrollfragen in Kapitel 6

zu 1. Ein vollständiger Kabelbaum, der mit Harness Design modelliert wurde, besteht i.d.R. aus Drähten. Diese werden in einem Kabel zusammengefasst. Anschließend werden verschiedene Kabel nochmals zu einem Bündel verbunden.

zu 2. Für jeden Draht muss ein eigener Anschluss zur Verfügung stehen. Bei zwei Drähten werden somit mindestens zwei Anschlüsse benötigt.

zu 3. Mit Hilfe der physikalischen Darstellung von Kabeln können Bauräume für einen Kabelbaum genau definiert und vor der Fertigung betrachtet werden. Die physikalische Darstellung lässt sich mit einem Klick auf dem jeweiligen Draht/Kabel/Bündel im PathFinder mit Rechtsklick auf das Steckersymbol mit Auge aktivieren.

zu 4. Bei der Erstellung eines Pfades für Drähte ist darauf zu achten, dass die Endbeziehungen richtig gesetzt werden. Hierbei kann es sich sowohl um eine natürliche als auch um eine tangentiale Endbeziehung handeln.

Zu 5. Um einen Pfad besonders einfach und ordentlich zu gestalten, kann dieser über eine separate Hilfsskizze, die zuvor erstellt wird, definiert werden.

Lösungen zu Kontrollfragen in Kapitel 7

zu 1. Durch den Einsatz von Parametern wird eine Konstruktion sehr anpassungsfähig, und es kann nachträglich eine hohe Vielfalt von Varianten in einer Teilefamilie dargestellt werden, ohne die verschiedenen Features im 3D-Modell manuell anpassen zu müssen. Parameter können mit PEER-VARIABLEN außerdem baugruppenübergreifend verknüpft werden und die Konstruktion abhängiger Bauteile beschleunigen.

zu 2. In der Menüleiste EXTRAS $\Rightarrow$ Gruppe VARIABLEN $\Rightarrow$ VARIABLEN anklicken.

zu 3. Variablen können durch Formeln miteinander verknüpft werden. Eine Formel kann auch mehrere Variablen miteinander verknüpfen.

zu 4. Die Variable muss als skalar definiert sein, muss also einheitenlos sein.

zu 5. Features können mit einer UNTERDRÜCKUNGSVARIABLEN schnell unterdrückt und freigegeben werden. Im Variableneditor wird dazu der Status 0 oder 1 definiert: bei 1 ist das Feature unterdrückt, bei 0 ist dieses freigegeben.

Lösungen zu Kontrollfragen in Kapitel 8

zu 1.   Bereits zu Anfang der Konstruktion muss ein Plan erstellt werden, wie das
        Modell mit Parameter aufgebaut werden kann. Alle geometrischen Anga-
        ben, die in der Teilefamilie variieren können, müssen mit einem eindeutigen
        Parameter versehen werden. Bei abhängigen Parametern muss Kenntnis
        über den Gültigkeitsbereich eines Parameters vorhanden sein.

zu 2.   Formelemente können mit Unterdrückungsvariablen oder in der Spalte
        SEQUENTIELLE FORMELEMENTE ein- und ausgeschaltet werden. Das
        Benutzen der Unterdrückungsvariable ermöglicht allerdings ein größeres
        Einsatzspektrum. So kann das Ein- und Ausschalten des Formelements auch
        über eine abhängige Verknüpfung zu anderen Parametern erfolgen.

zu 3.   Verlässt ein eingestellter Parameter seinen Gültigkeitsbereich, so wird das
        Modell in Solid Edge trotzdem erzeugt und dargestellt. Alle Features, die
        eine Abhängigkeit zu dem ungültigen Parameter aufweisen, werden als
        fehlgeschlagen dargestellt und nicht erzeugt.

zu 4.   Werden Variablen bauteilübergreifend definiert, so sind diese für eine Ma-
        nipulation in der Teilefamilie gesperrt. Um diese Variablen zu steuern, muss
        die Verknüpfung zu anderen Bauteilen gelöscht werden.

zu 5.   Bei dem Ablegen der Bauteile können auch einzelne Spalten markiert wer-
        den. Nur die hier markierten Varianten werden tatsächlich als einzelne Bau-
        teile erzeugt.

Lösungen zu Kontrollfragen in Kapitel 9

zu 1.   Baugruppenfamilien sind nicht in der Lage, mit den Funktionen Harness
        Design und XpresRoute zusammenzuarbeiten. Wurde einer dieser Funktio-
        nen zuvor genutzt, so werden bei der Erstellung weiterer Baugruppenvarian-
        ten die erstellen Rohre und Kabel unterdrückt. Eine automatische Anpas-
        sung ist nicht möglich. In der neu abgespeicherten Baugruppe müssen die
        Rohre und Kabel neu konstruiert werden.

zu 2.   Verknüpfte Variablen stellen in einer Baugruppenfamilie kein Problem dar.
        Diese werden in allen einzelnen Varianten automatisch verknüpft. Nur eine
        Anpassung der Schweißnähte bei verschiedenen Varianten erfolgt nicht
        selbstständig durch Solid Edge.

zu 3.   Um verschiedene Silos zu verbauen, müssen diese aus einer Teilefamilie
        stammen. Wurde ein Silo entsprechend der Zeichnung mit nur einer Ände-
        rung separat modelliert, erkennt Solid Edge den Zusammenhang der Bautei-

le nicht, und dieser kann nicht in einer neuen Variante der Siloanlage verwendet werden.

zu 4. Sobald sich die Ausgangsgeometrie anpasst, kann es zu Fehlern in den erstellten Schweißnähten kommen. Wird ein Bauteil in einer Variante vollständig entfernt, bleiben die zuvor gesetzten Schweißnähte leer im Raum bestehen. Schweißnähte müssen ggf. für jede Variante manuell angepasst werden.

zu 5. In einer Baugruppenfamilie können ausschließlich Bauteile verwendet werden, die sich in der Masterbaugruppe befinden oder eine Teilefamilie mit einem Bauteil bilden.

Lösungen zu Kontrollfragen in Kapitel 10

zu 1. Die Features, die später ein UDF bilden, sollen ohne separate Skizze erstellt werden, damit die Bemaßung beim Einsetzen des UDF schnell angepasst werden kann.

zu 2. Die Parametrisierung dient der Übersichtlichkeit des Features. Aber auch die Zusammenhänge zwischen Bemaßungen bleiben so erkennbar, obwohl die Bezeichnung der Variablen sowie Unterdrückungsvariablen beim Einsetzen eines UDF verloren gehen.

zu 3. Wenn ein UDF sich beim Einsetzen nicht drehen lässt, besteht die Option, die Ausgangsfeatures zu verändern, indem eine andere Vorgehensweise bei der Modellierung gewählt wird. Eine weitere Möglichkeit besteht darin, die Abmaße Breite, Länge, Höhe nachträglich so zu vertauschen, dass diese wieder passen.

Lösungen zu Kontrollfragen in Kapitel 12

zu 1. Die Finite-Elemente-Methode ist eine numerische Lösungsmethode, um physikalische Vorgänge in einem Körper zu simulieren. Mit einer FEM-Simulation können schon früh in der Entwicklung eines Bauteils die Zielparameter der Konstruktion überprüft werden.

zu 2. Es stehen 2D-Elemente als Vierecke und 3D-Elemente als Tetraeder zur Verfügung. 2D-Elemente können nur bei einer Simulation von Schalenelemente verwendet werden. Werden Volumenköper simuliert, stehen ausschließlich Tetraeder als Elemente zur Verfügung.

zu 3. Je feiner ein Netz aufgelöst wird, desto genauer werden die Ergebnisse. Die erforderliche Rechendauer erhöht sich bei einem feineren Netz. Um möglichst genaue Ergebnisse an kritischen Stellen zu erreichen, sollte bei einem global grob aufgelösten Netz an dieser Stelle eine lokale Netzverfeinerung erfolgen.

zu 4. Die Geometrie sollte vereinfacht werden, d. h. alle nicht relevanten Features werden entfernt, um die Knotenanzahl im Netz und damit den Rechenaufwand zu reduzieren. Soll eine Kraft nur auf einem bestimmten Teilbereich einer Oberfläche wirken, so muss diese mit dem Feature FLÄCHE TEILEN zunächst geteilt werden.

zu 5. Die Optimierung in Solid Edge beschränkt sich darauf, einfache Parameter aus dem Ursprungsmodell anzupassen und diese Änderungen jedes Mal vollständig neu durchzurechnen. Es handelt sich bei der Optimierung NICHT um eine Topologieoptimierung, bei der ein Bauraum und Kräfte vorgegeben werden und hieraus ein beliebiger Körper erzeugt wird. Voraussetzung für die Optimierung ist ein vorhandenes CAD-Modell mit ähnlicher Geometrie, wie es für das finale Bauteil zu erwarten ist.

Zu 6. Die Ergebnisse, die eine FEM-Simulation liefert, hängen direkt von den Eingangsgrößen ab. Sind diese falsch oder ungünstig gewählt, weichen die Simulationsergebnisse i.d.R. stark von dem realen Bauteilverhalten ab. Die Ergebnisse der FEM-Simulation müssen immer mit Überschlagswerten, erwarteten Ergebnissen oder Erfahrung auf Plausibilität geprüft werden.

Lösungen zu Kontrollfragen in Kapitel 13

zu 1. Die beizubehaltenden Bereiche des Hebels sind die beiden Zylinder. Am kleineren Zylinder kann eine Druckkraft definiert werden, am größeren Zylinder wird die entsprechende Fläche fixiert. Anschließend wird eine erste Berechnung mit Berechnungsqualität <5> und Reduktion der Zielmasse auf 50% durchgeführt. Wenn die getroffenen Einstellungen funktionieren, dann kann sukzessive die Berechnungsqualität und/oder die Reduktion der Zielmasse erhöht werden. Interessante Ergebnisse sind garantiert, dabei sich nach einer jeweiligen Berechnung sich die Spannung anzeigen lassen.

zu 2. Zuerst werden die beizubehaltenden Bereiche um alle Bohrungen definiert. In der Bohrung, in der die Welle im Zusammenbau eingebaut wird, wird eine entsprechende Kraft in die entsprechende Richtung eingestellt. Der Unterboden wird fixiert, und eine erste Berechnung mit Anzeige der Spannung kann durchgeführt werden. Eventuell muss eine konstruktive Änderung erfolgen, oder die Abstände für die beizubehaltenden Bereiche muss erhöht werden.

Lösungen zu Kontrollfragen in Kapitel 14

zu 1. In der Funktion ERA besteht die Möglichkeit, eine Explosionsdarstellung einer Baugruppe zu erstellen. Weiter besteht die Möglichkeit, Animationen zu erstellen. Das Kürzel ERA steht für Explosion, Rendern und Animation. Die Funktion des Renderns wird seit Solid Edge ST 7 in der externen Software KeyShot durchgeführt.

zu 2. Die Explosionsdarstellung kann mit verschiedenen Methoden beeinflusst werden. Beim Erstellen der Explosionsdarstellung kann Einfluss darauf genommen werden, auf welcher Ebene die Explosion stattfindet. Es gibt die oberste Ebene, auf der alle Bauteile an der Explosionsdarstellung teilnehmen, sowie die Unterebenen, in der nur bestimmte Unterbaugruppen und Bauteile berücksichtigt werden. Später können einzelne Bauteile bezüglicher ihrer Position im Raum frei verschoben werden, um das gewünschte Ergebnis zu erzielen. Bei einer Animation der Explosion lässt sich die Explosionsdauer, die Geschwindigkeit sowie die Reihenfolge beeinflussen.

zu 3. Kamerapfade werden in erster Linie automatisch erstellt. Ein Kamerapfad besteht dabei aus vielen einzelnen Punkten. Jeder einzelne Punkt kann anschließend im Raum frei verschoben werden. Ein Pfad kann zu jedem Zeitpunkt geschlossen und offen gestaltet werden. Solid Edge bietet außerdem die Möglichkeit, den Kamerapfad schließlich mit oder gegen den Uhrzeigersinn abzufahren.

zu 4. In Solid Edge unter dem Reiter EXTRAS den Button KEYSHOT-AKTUALISIEREN drücken. So werden alle Änderungen an dem Bauteil und der Baugruppe in KeyShot übernommen. Werden in einer Baugruppe nachträglich Bauteile eingefügt, müssen diese ggf. noch mit einem Material in der KeyShot-Szene versehen werden.

zu 5. Die Einstellungen der Qualität erhöhen den Detailgrad des fertigen Bildes. Eine höhere Qualität hat aber auch eine längere Rechenzeit zur Folge. Die Dateigröße des Bildes steigt ebenso an. Es muss immer ein Kompromiss aus Qualität, Rechenzeit und Platzbedarf gefunden werden.

Sachwortverzeichnis

Solid Edge-Funktionalitäten, die über Buttons, Menüleiste oder mit Hilfe rechter Maustaste aufgerufen werden, sind in diesem Verzeichnis in Großbuchstaben gekennzeichnet.

© Der/die Herausgeber bzw. der/die Autor(en), exklusiv lizenziert an Springer Fachmedien Wiesbaden GmbH, ein Teil von Springer Nature 2026
M. Schabacker, *Solid Edge 2025 für Fortgeschrittene – kurz und bündig*,
https://doi.org/10.1007/978-3-658-49845-0

Michael Schabacker

Solid Edge 2025 für Einsteiger – kurz und bündig

Ein schneller und effektiver Einstieg in die 3D-Modellierung mit Solid Edge 2025 ist mit diesem Übungsbuch sichergestellt. Die wichtigsten Befehle und Abläufe werden anschaulich dargestellt und erläutert. Der Schwerpunkt liegt dabei auf den grundlegenden Funktionen zur Modellierung von Einzelteilen und Baugruppen sowie der Erstellung technischer Zeichnungen. Aufgrund des tabellarischen Aufbaus ist das Buch für das Selbststudium sehr gut geeignet. Die aktuelle Auflage wurde auf Basis der Version Solid Edge 2025 überarbeitet und aktualisiert.

Edition No: 10
©2026

Erweitern Sie Ihr Wissen und sichern Sie sich jetzt Ihr eBook oder gedrucktes Exemplar

Bestellen Sie hier auf Springer Nature Link

link.springer.com/book/
9783658498351